JN254463

ぼくは虫ばかり採っていた

生き物の
マイナーな普遍を求めて

池田清彦

青土社

ぼくは虫ばかり採っていた　目次

ぼくは虫ばかり採っていた　生き物のマイナーな普遍を求めて

はじめに

本書は『現代思想』をはじめとしていくつかの雑誌に収録したエッセイやインタビューを集めたもので、一番古いのは二〇〇一年、一番新しいのは二〇一七年のものである。内容は主に構造主義生物学から見た進化の解説で、読み返してみると、この二〇年近く、私の基本的な考えがまったく変わっていないことがよくわかる。

人類の進化に限って言えば、最近のトピックは、本文にも書いたように、一〇万―七万年前にアフリカを出立したホモ・サピエンスの子孫にはネアンデルタール人の遺伝子が混在していることがわかったことだ。サブサハラにもともと住んでいた人たち以外のすべての現生人類は、ホモ・サピエンスの女性とネアンデルタール人の男性の混血児の子孫なのである。

現生人類史上、最も偉大な人は、ネアンデルタール人に惚れて、ネアンデルタール人とセックスして子供を産んだ何人かの女性なのだ。これらの女性がいなければ、われわれは存在していないのである。ホモ・サピエンスの純血を守ったグループはいたかもしれないけれど、絶滅したわけだ。生物学的に見ると、なるべく離れたDNA組成を持っている人と混血したほうが、遺伝的多様性が増加して生残確率は高くなる。

遺伝子汚染だと言って、タイワンザルとニホンザルの混血児を殺戮しようと主張している人たちは、自分自身もまた遺伝的汚染の産物だということをきちんと理解したほうがいいと思う。

池田清彦

二〇一八年一月　人為的温暖化詐欺が破綻した厳冬の高尾にて

I

1　人類の進化と少子化

現生人類への進化のプロセス

現生人類へ進化する系統が、チンパンジーへ進化する系統と分岐したのは、現時点では約七〇〇万年前と考えられている。分岐した直後と思われる化石（サヘラントロプス・チャデンシス）は直立二足歩行をしていたと思われるが、脳容量は小さくチンパンジー並みの三七〇ミリリットルくらいであった。直立二足歩行をヒトとチンパンジーを分ける重要な形質と考えれば、サヘラントロプスは、知られる最古のヒトかもしれないが、脳の容量から見れば、チンパンジー並みの野生動物の一種だったに違いない。

サヘラントロプスに続いて、オロリン、アルディピテクス、アウストラロピテクス等々と名付けられた属が現れるが、いずれも二足歩行はしていたが脳容量は五〇〇ミリリットルに満たず、知性は現生人類よりもチンパンジーに近かったであろう。約二五〇万年前にホモ属に分類される人類が出現したころから脳容量は巨大化を始めた。脳容量が大きくなった必要条件として、人類が肉食を始めたことは確かだろう。

脳は組織の五〇―六〇パーセントが脂質で形成され、さらにそのうちの三〇パーセント強が、多価不飽和脂肪酸、特にアラキドン酸とドコサヘキサエン酸で、前者は肉や魚に、後者は魚に多く含まれ、植物にはあまり含まれていないので、大きな脳を維持するためには肉食が不可欠なのである。ホモが出現する少し前に現れたアウストラロピテクス・ガルヒは肉食を行っていたようだが、脳容量は四五〇ミリリットルといまだ五〇〇ミリリットルを超えなかった。

肉食という必要条件の下で、脳を巨大化させるように発生プロセスの変更が生じて、ホモ属が現れたのであろう。GADD45G は腫瘍の抑制に関与する遺伝子として知られているが、この近傍のノンコーディングＤＮＡにヒトとチンパンジーで大きな違いが見られるという。ヒトではこの遺伝子の機能が阻害されて、それが腫瘍の増殖ではなく、脳神経細胞の増殖をもたらしたのではないかという仮説が『ネイチャー』に掲載された（McLean, C. Y. et al. *Nature*, 471, 2011）。脳の巨大化には他にも、いくつかのＤＮＡの変更や、エピジェネティックなシステムの変更が固定化されたなどの要因があろうが、いずれにせよ、ホモになった途端に脳の巨大化が進行したことは間違いない。

二四〇万年前に出現した最も原始的なホモ・ハビリスの脳容量は約六五〇ミリリットル、二〇〇万年前に出現したホモ・エルガステルとそこから分岐してアジアに渡ったホモ・エレクトスの脳容量は一〇〇〇ミリリットルと現生人類に近づいてきた。おそらく、アフリカでホモ・エルガステルから派生した系統から、最終的に現生人類（ホモ・サピエンス）が出現したのであろうが、この系統から出現した現生人類以外の種のなかで、最も現生人類に近縁なのはネアンデルタール人（ホモ・ネアンデルターレンシス）である。この二種はミトコンドリアDNAの解析から、約五〇万年前に分岐したと考えられている。

不思議なことに、ネアンデルタール人の脳容量は平均一四五〇ミリリットルと現生人類の平均一三五〇ミリリットルより一〇〇ミリリットルほど大きい。しかし、知能はホモ・サピエンスより多少劣っていたようで、約二万五〇〇〇年前に滅んでしまった。脳容量の大きさと知能は必ずしもパラレルにならないことを示しているが、かといって、高い知能を得るためには、ある程度大きい脳容量が必要なことを反証しているわけではない。ネアンデルタール人は約三五万年前に出現し、主にヨーロッパに住んでいた。ホモ・サピエンスは約二〇万年前にアフリカで誕生して、一〇万―七万年前にユーラシア大陸に進出した。

そこで、ネアンデルタール人と交雑したことがわかっている。サブサハラにもともと住んでいるアフリカ人以外のすべての現生人類のDNAの一—五パーセントはネアンデルタール人由来である。交雑した子供に繁殖力があることをもって同一種とするという、いわゆる生物学的種概念を採用すれば、ネアンデルタール人とホモ・サピエンスは同一種ということになるが、この二種は融合せずに、結果的にホモ・サピエンスがネアンデルタール人のDNAの一部を取りこんだだけで終わっているので、無理に同種にしなくてもいいと私は思う。

重要なことは、ユーラシア大陸では、ネアンデルタール人のDNAをごくわずかに持っていたホモ・サピエンスだけが生き延びたことである。ネアンデルタール人の男と交雑したホモ・サピエンスの女はどちらかというと稀であったろうから、確率的にはネアンデルタール人由来のDNAは消滅してもよさそうなのに、個体群全体に拡がったところから考えると、このDNAは極めて適応的であった可能性が強い。一説によると、耐寒性に優れたDNAであったのではないかと言われている。

ネアンデルタール人の女とホモ・サピエンスの男のあいだでも当然交雑は起こったであろうが、母系遺伝をするミトコンドリアDNAの解析から、このハイブリッドの子孫は生き延びなかったことがわかっている。子供は父親ではなくて母親の属する集団で育てられたであろうから、ハイブリッドの子孫はしばらくのあいだ生き延びられたとしても、ネアンデルタール人の絶滅と運命を共にしたのであろう。集団や種が生き延びられるかどうかは、結局繁殖力の差にかかっている。ある個体の子孫が途切れてしまえば、この時点でその個体が持っていた特有の遺伝的特性は消えてしまう。反対に繁殖力の強い（適応的な）DNAを持っていれば、このDNAは個体群中に浸透していく。

キャリング・キャパシティと人口の皮肉な悪循環

生態学にキャリング・キャパシティという概念がある。ある地域で、ある種が維持可能な個体数の上限のことだ。気候条件と生息場所の構造と、食物供給量で規定されるが、通常、キャリング・キャパシティまで個体数が増えることは稀で、他種による捕食、病気の蔓延、他種との種間競争などによって、実際の個体数はずっと低く保たれていることが普通だ。人類も野生動物であった頃は、他種による捕食や他種との餌をめぐる争いで、実現可能な個体数はキャリング・キャパシティのずっと下方に抑えられていたはずだ。

しかるに、ホモ・サピエンスは高い知能のおかげで言語を発明し、道具を使えるようになり、集団で狩りを行ったり、敵を撃退したりして、他の野生動物よりずっとキャリング・キャパシティに近いところまで、個体数を増やすことができた。ホモ・サピエンスがヨーロッパに進出してくるまでは、ネアンデルタール人もそれなりの個体数を維持できたと思われるが、ホモ・サピエンスとの種間競争に敗れて餌の入手が困難になり、徐々に個体数を減らし、ついに絶滅に至ったのであろう。

野生動物もヒトも、条件さえよければ、キャリング・キャパシティの許す範囲まで個体数を増やす。これは進化の結果獲得した生物学的必然である。同じ個体群のなかではたくさん子孫を残したほうが勝者となる。社会的にどんなに成功しても、金を有り余るほど稼いでも、強大な政治的権力を手に入れても、子孫を残せなければ、生物学的には完全な負け組である。問題は、生物学的な勝者になることと、個人として幸せになることは別だというところにある。人類の進化は子孫をなるべくたくさん増やす能力には味方したが、個人の幸福を追求することには味方しなかったのである。

約一万年前に前後して、人類は世界各地で農耕を発明した。農耕は飢餓から逃れる方法として素晴らしい技術であった。人類のキャリング・キャパシティは飛躍的に増大したに違いない。当初、人々は飢えの恐怖から解消されてハッピーであったかもしれない。しかし、生物学的必然として、キャリング・キャパシティが増えれば人口が増える。人口が増えれば人口を養うために食料を増産しなければならず、労働時間は増大する。「働かざる者食うべからず」といういかがわしい倫理はこの頃捏造されたに違いない。天候不順や災害によって不作の年もあったであろうから、集落ごとの穀物貯蔵量には差がついて、飢えた集落は豊作だった集落を襲って略奪を試みたこともあったろう。侵略と自衛のためには武力と組織が必要で、ここに階級が形成されたに違いない。戦いに敗れた集落の人は奴隷として働かされたかもしれない。平均的に見れば狩猟採集時代に比べて人々は不幸になったのである。

人間は大きな脳を手に入れたおかげで、さまざまな技術を発明した。その結果キャリング・キャパシティが増大し、人口も不可避的に増大した。生態学的に見ると、人類の歴史はその繰り返しである。約一万年前、世界人口は五〇〇万―一〇〇〇万人であった。西暦元年には一億人、一一世紀初頭二億人、一六世紀初頭五億人、二〇世紀初頭一六億人、そして現在は七六億人である。一九世紀から二〇世紀にかけて爆発的に人口が増えたのは、石炭と石油という化石燃料が潤沢に供給され、これが原動力となって人類のキャリング・キャパシティを押し上げたからである。

現代社会では、食料生産はエネルギーに依存している。田畑を耕すのも、肥料をつくるのも、害虫駆除も、漁業も、畜産もすべてエネルギーに依存している。新しいエネルギー源が開発されると、キャリング・キャパシティが増大するのだ。すると必然的に人口が増える。キャリング・キャパシティが増えても人口が増えなければ、人一人当たりの資源量は増加して、人々は平均的には幸福になると思うのだが、生物としての人類はそのような方向を目指すことができなかったのだ。さらに、最近になってもう一つややこしい問題が生じた。それはグローバル・キャピタリズムだ。

グローバル・キャピタリズムは国家を横断して安い労働力を求める。そのためには人口減は敵なのだ。グローバル・キャピタリズムが首尾よく機能するためには、資源と人口が共に増え続ける必要がある。別言すれば、グローバル・キャピタリズムはキャリング・キャパシティが増えれば、人口が増えるという生物学的必然に依拠している。人口が増えれば、農耕を発明したときと同様に、貧富の差が拡大し、人々はなかなか幸せになれない。しかし、ここにきて、先進国の人々は生物学的必然よりも個人の幸せのほうが大切だと考え始めたようで、少子化が進んでいる。一方、途上国では相変わらず人口増が止まらず、生物学的には数世紀後には先進国は完全な敗者に、途上国は勝者になる。皮肉なことに、グローバル・キャピタリズムを推進しているのは先進国の多国籍企業である。果たして人類は、キャリング・キャパシティの増大と人口増がパラレルになるという悪循環から抜け出す制度を発明できるだろうか。

2 ── 絶滅について考えること

六回の大量絶滅

絶滅には二つのタイプがある。環境の激変による大量絶滅と、他の多くの生物種が繁栄しているなかでの特定の種の絶滅である。

多細胞生物が約六億年前に出現して以来、今日まで六回の大量絶滅があった。ヴェンド紀（エディアカラ紀）末、すなわち先カンブリア代の末（約五億四〇〇〇万年前）に、最初の多細胞生物のグループであるエディアカラ動物群の大量絶滅が起きた。この大絶滅を生き延びた少数の種が種分岐を起こして多様化し、いわゆるカンブリアの大爆発を起こし、時代は古生代に突入する。古生代から現代までの大まかな時代区分は、古生代：カンブリア紀、オルドビス紀、シルル紀、デボン紀、石炭紀、ペルム紀、中生代：三畳紀、ジュラ紀、白亜紀、新生代：古第三紀、新第三紀、第四紀である。時代の境目では規模の大小はあれ、ある生物群の絶滅が起きている。これは当然で、生物相が大きく変わったことをもって時代区分をしているからである。そのなかで特に大きなものは大量絶滅と呼ばれ、カンブリア紀以降五回起きている。オルドビス紀末（四億四〇〇〇万年前）、デボン紀末（三億六〇〇〇万年前）、ペルム紀末（二億五〇〇〇万年前）、三畳紀末（二億年前）、白亜紀末（六五五〇万年前）である。

大量絶滅の原因は地球規模での天変地異だ。恐竜が絶滅した白亜紀末の大量絶滅をはじめ、デボン紀末、三畳紀末の三つの大量絶滅の主たる原因は、大隕石の地球への衝突であると考えられている。オルドビス紀末の大量絶滅は急激な寒冷化であり（大規模な氷河が地球の半分を覆い、海面が五〇メートル下がった）、ヴェンド紀末とペルム紀末の大量絶滅は超大陸の生成と再分裂に伴う大規模な地殻変動である。いずれも急激な環境の悪化（大隕石の衝突の結果粉塵が空を覆い光合成が阻害されて食べ物がなくなった、浅海が干上がって棲みかがなくなった、火山活動の結果毒物が大気中に充満した、大規模な酸素欠乏状態になった、等々）に生物たちの適応速度が追いつかず、多くのグループが息の根を止められたと思われる。いわば、生物種の生存の強制終了である。しかし、すべての生物種が絶滅したわけではなく、一部の生物種はこれらの大量絶滅をかいくぐり、次の時代に多様化する生物のグループの母種になったと考えられる。カンブリア紀以降最大の大量絶滅であったペルム紀末のそれでは、海洋生物種の九五パーセント以上が死滅したと言われている。それでも、五パーセント弱は生き延びたのだ。

絶滅と生残を分けるのは偶然か必然か

絶滅と生残の差は、単なる偶然だったのだろうか、それとも、何か必然的な要因があったのだろうか。古生代の海で栄えた三葉虫は記載された種類だけでも一万数千種を数える。カンブリア紀に出現してオルドビス紀に繁栄を極めたが、オルドビス紀末の大量絶滅で激減し、ほんの僅かな種類が生き延びた。これがシルル紀を過ぎてデボン紀になると、再び多様化したが、デボン紀末の大量絶滅で多くの系統は滅び、細々と生き残ったものも、ペルム紀の大量絶滅で姿を消してしまう。オルドビス紀末やデボン紀末に、全滅しないで生き延びたごく少数の種は単に幸運だったのだろうか。それとも、生き残るべき特殊な能力を持っていたのだろうか。中生代の海で栄えたアンモナイトもまたペルム紀末（古生代末）に絶滅しかかったグループである。生き残ったものが中生代に入って多様化し大繁栄したのは、よく知られるところだ。もし生き残ったのが三葉虫で、死に絶えたのがアンモナイトであったなら、三葉虫が中生代の海底を闊歩したことになったのだろうか。サメはデボン紀に出現した軟骨魚類のグループだが、ペルム紀末、三畳紀末、白亜紀末の大量絶滅を生き延び、現在もなお四〇〇種前後の種を擁して繁栄している。サメが大量絶滅を生き延びたのも単なる偶然なのか、それとも何か特別な要因があったのか。

こういうことは検証の方法がなく、何を言っても絵空事にしかならないが、偶然の要素は大きいとはいえ、多少の非偶然的な要素もあったと思われる。たとえば、白亜紀末の大量絶滅では成体の重さが二五キログラム以上の陸上脊椎動物は絶滅したと言われている。餌や棲息場所を確保するという観点から、二五キログラム以上の動物が生き残れない何らかの原因があったのだろう。とすると、白亜紀末の大量絶滅を生き延びた生物たちには、偶然という幸運以外のプラス要因が働いたのかもしれない。

種や系統に寿命はあるか

次なる問題は、種や系統には、多細胞生物のすべての個体と同じように、寿命があるのかということだ。もし、種や系統に寿命があるのなら、種の寿命とは独立の事故死である大量絶滅は別として、他の多くの生物種が繁栄を続けている最中の絶滅の少なくとも一部は、種の寿命が尽きたのだと考えることができる。もちろんオーソドックスな生態学者は、通常時の種の絶滅は、ニッチが近い他種との競争に敗れた結果だと考えるだろう。至近原因としては、それはそれで間違いということはないのだが、問題は競争に勝つ種と敗れる種の違いは何かということだ。勝った種は負けた種よりも、環境に適応していたというのは簡単であるし、それもそれで間違いというわけではないのだが（この言明はほとんどトートロジーで、トートロジーはもちろんいつも正しいのである）、一般的には新しく出現した系統は近縁のより古い系統より競争に強いらしいのだ。

たとえば、硬骨魚類の条鰭綱（シーラカンスやハイギョなどを除く硬骨魚）は伝統的な分類に従えば、軟質類、全骨類、真骨類に分けられる。軟質類は古生代デボン紀に出現して、中生代三畳紀まで繁栄するが（現在の生き残りはチョウザメ）、ペルム紀末に出現した全骨類が多様化すると衰退し、中生代ジュラ紀から白亜紀の初めにかけては全骨類の天下となる（現在の生き残りはガーやアミア）。全骨類もジュラ紀に出現した真骨類が白亜紀に入って多様化すると衰退し、代わって白亜紀から新生代にかけて真骨類は爆発的に多様化して現在に至っている。三つのグループの魚類の形態は同じような多様性を示している（どのグループにも体高の高いもの、平らなもの、流線型のものなどがいる）ところから考えて、同じようなニッチに適応放散したのだろう。そこで、軟質類から全骨類、全骨類から真骨類へと大規模な種の交代が起きたということは、古い種は同じようなニッチを持つ新しい種との競争に敗れて絶滅した、と説明していけない理由はない。

それではなぜ、新しい種は古い種よりも競争に強いのだろう。「人々が情熱を燃やすのは解決可能な課題だけだ」とはカール・マルクスの名言だが、この問いは今の生物学の知識と技術では解決不能で、ほとんどの古生物学者や生態学者は、この問いを発することを禁欲しているように見える（というのは買いかぶりで、そういうは問題意識がそもそもないのかもしれない）。長鼻類（長鼻目）は現在ゾウ科の二属三種（Elephas maximus アジアゾウ、Loxodonta africana アフリカゾウ、L. cyclotis マルミミゾウ）のみを擁する小さなグループだが、かつてはたくさんの種を含む大きな目であった。この目が出現したのは新生代初期の暁新世（六六五〇万年～五五八〇万年前）で、古第三紀（六五五〇万年～二三〇三万年前）に徐々に多様化し、新第三紀・中新世（二三〇三万年～五三三万年前）に最盛期を迎えた。現在までに出現した科の数は一五近く、属の数は五〇近くに及ぶ。長鼻目が衰退したのは、ニッチを同じくする他の動物との競争に敗れたというよりも（そもそも、長鼻目と重なるニッチを持つ動物はいない）、環境の変化に適応して、種の性質を変える能力を、徐々に喪失したからだと考えたほうが合理的だ。

では、ある系統は出現初期には適応放散する能力が高いのに、徐々に環境に適応するアビリティもフレキシビリティも減退してくるのはなぜか。生物の個体ではこれは当然の現象で、老化の原因は、遺伝子や細胞構成分子の損傷と老廃物の蓄積であることがほぼわかっている。通常、有性生殖によってこれらはリセットされ、新しく生ずる個体は再び寿命を取り戻す。このアナロジーで言えば、種や系統もまた発生したときは生命力に満ちているが、徐々に生命力が落ちてきてついには死滅するということになるが、その原因は個体の老化原因とはまったく違うことは明らかだ。世帯を継続して、遺伝子の損傷や老廃物の蓄積が進むとは考えられない。何か違う機作を考える他はない。

絶滅についての仮説

私が今考えている仮説は次のようなものだ。環境の大変動による外部からのバイアスにより、遺伝子をコントロールする細胞内のシステムが変化する。もちろん、ほとんどの生物はこの変化を受け入れることができず、死滅するだろう。このシステムは不安定で、しばらくするといくつかの離散的な多少とも安定的なアトラクタに落ちていき、このアトラクタもまたさらに安定的ないくつかのアトラクタに収まっていくと思われる。これが、系統が発生して比較的短期間に適応放散して多様化する機作であると思われる。と同時にアトラクタの安定性は強まってシステムを変更することが難しくなるに違いない。古い種が新しい環境に適応できずに絶滅するのはこの故であろう。今のところ、この話は御伽噺でしかないが、遺伝子の使われ方や遺伝子の変異幅が、細胞内の遺伝子コントロールシステムに拘束されていることはまず間違いないので、いずれこのメカニズムが明らかになり、大量絶滅の後、生き残った一部の生物から、なぜ爆発的な多様化が生じるのか、あるいは系統は多様化して繁栄した後、徐々に衰退して多くの場合絶滅してしまうのはなぜか、といった難問が解決されることを期待したい。

3 ｉＰＳ細胞がもたらす未来

多細胞生物の複雑な生成のプロセス

多細胞生物が受精卵から発生して成体にまで育つプロセスは極めて複雑だ。バクテリアなどの単細胞生物は細胞が一つしかないので、細胞のなかで発現している遺伝子は一意に決まる。もちろん、バクテリアでも常に同じ遺伝子が発現しているわけではなく、状況によって発現する遺伝子は異なる。たとえば、一つのバクテリアが分裂して二つになるときには、分裂に必要な遺伝子が働き、分裂してしまえば、この遺伝子は不活性化されてしまうだろう。

状況によってバクテリアの遺伝子がオンになったりオフになったりすることを最初に突き止めたのはヤコブとモノーで、これはオペロン説としてよく知られている。一九六一年のことだから、半世紀以上も前だ。大腸菌は通常グルコースを炭素源として使い、ラクトースは使わない。しかし、生息環境にグルコースが欠乏し、ラクトースが存在するという状況下では、ラクトースを分解してグルコースにして生き延びる。通常、オフになっているラクトースを分解する遺伝子がオンになるのである。この場合、遺伝子のオン、オフは状況依存的なのである。

バクテリアの遺伝子数は、大腸菌では約四四〇〇である。ほかのバクテリアもほぼ似たようなものだ。ヒトは約二万一〇〇〇だから、形態や機能の単純さを考えれば、ヒトに比べて多いとも言える。逆に言えば、ヒトは大腸菌の五倍ほどの数の遺伝子で、これほど複雑な形態をつくれるわけで、むしろ、こちらのほうが不思議だ。バクテリアは遺伝子のなかにイントロンを含まず、一つの遺伝子は一つの産物（タンパク質やRNA）しかつくらない。それに対して真核生物（アメーバやゾウリムシといった単細胞の原生生物と多細胞生物）の遺伝子は複数のエクソンとイントロンが交互に並んで構成されていて、一つの遺伝子からいくつもの異なる産物をつくれる。

エクソンはタンパク質などの産物をつくる情報を持つ領域で、イントロンはつなぎの領域で、最終産物をつくるプロセスで切り落とされてしまう。たとえば、何らかのタンパク質をつくる遺伝子が五つのエクソン（E1〜E5）と四つのイントロン（I1〜I4）から構成されていたとして、最終的にタンパク質をつくる情報は五つのエクソンの組み合わせとして顕現するので（たとえば、E1 + E2、E2 + E4、E2 + E3 + E5 などなど）、異なったタンパク質がつくれることになる（実際にはすべての組み合わせが顕現するわけではない）。真核生物が、それほど多くない遺伝子で、複雑な形をつくれる根拠の一つである。

さらに、もっと重要な原因は、多細胞生物の体を構成する細胞は、組織ごとに発現している遺伝子が異なることだ。ヒトの体は三七兆個の細胞からつくられていると言われているが、T細胞やB細胞などの免疫系の特殊な細胞を除けば、すべての細胞のゲノム（DNAの総体）は同じである。発現している遺伝子が異なるので、性質も違えば組織の形も異なる。発現の違いをコントロールしているものは何か。これは発生生物学の大問題である。

バクテリアは分裂すると、基本的に同じ細胞が二つできる。どんどん分裂して増殖していっても同じ種類の細胞がたくさんできるだけである。これらのバクテリア群は増殖の途中で一部のバクテリアが突然変異を起こさない限り、ゲノムが同じクローンであり、遺伝子の発現パターンもほぼ同じなので、形態も機能もほぼ同じである。

多細胞生物も発生のはじめは単一の細胞（有性生殖生物では受精卵）であるが、受精卵は分裂して、たくさんの受精卵を生み出すことはなく、どんどん育って親になっていってしまう。なぜ、受精卵のクローンができないのか。それは、分裂するにしたがって、細胞ごとに発現する遺伝子が異なり、違ったタイプの細胞になっていくからである。発生に伴って、どんな遺伝子がどの部分でいつ発現するかは、ほぼ決定されていると思われるので、ゲノムがまったく同じ一卵性双生児の形態は、ほぼ同じになるのである。

しかし、このプロセスは厳密に一意に決まるかといえば、必ずしもそうとは限らず、後天的な環境のバイアスを受けて、遺伝子の発現パターンが変わることがある。これはエピジェネティックスと呼ばれる現象で、近年注目を浴びている。真核生物でもバクテリアと同じように状況依存的に、あるいは偶発的な要因で、遺伝子の発現がコントロールされることがあるのだ。従って、一卵性双生児でも、すべての組織において遺伝子の発現パターンがまったく同じになるとは限らない。

高等動物では、発生に伴って体の各部における遺伝子の発現パターンが変化していくが、成体にまで育って分化した組織になってしまえば、遺伝子の発現パターンは固定してしまい、原則としてほかの組織に変わることはない。肝臓の細胞が皮膚の細胞に変化したり、神経細胞が筋肉の細胞に変化したりすることはないし、分化した細胞が分化途上のプリミティブな細胞に戻ることもない。

しかし、植物や原始的な動物では、遺伝子の発現パターンにはフレキシビリティがある。ツツジやサツキの繁殖法として挿し木があるが、これは茎から根や芽が出てくるので、遺伝子の発現パターンが変化したと考えられる。ゲーテが愛したハカラメ（セイロンベンケイソウ）という植物がある。熱帯に広く分布するもので、日本では南西諸島や小笠原諸島に自生する。葉を土の上や数ミリの水の上に置いておくと、葉から根や芽が出てきて、しばらくすると立派な植物に育つ。遺伝子の発現パターンが変化したのである。これらは栄養生殖と呼ばれ、一つの個体からゲノムが同じ複数のクローン個体をつくることができる。

動物でも原始的なヒドラは出芽と呼ばれる無性生殖を行う。これは植物の栄養生殖に相当し、体の一部から芽が出て新たな個体に育つ。しかし、高等動物ではこういった繁殖方法は見られず、分化した細胞の遺伝子の発現パターンが、自然状態で変わることはない。高等動物では分化した細胞の遺伝子の発現パターンは強く拘束されていることは確かである。何かゲノムに不可逆的な変化が起きているのだろうか。

細胞工学の隆盛

イギリスの発生生物学者J・B・ガードンは一九七五年にアフリカツメガエルの成体の細胞の核を、核を除去した未受精卵に移植して、この卵からカエルをつくることに成功した。カエルの成体のゲノムといえども、潜在的には全能性を持っていることを示した初の実験である。分化した細胞のゲノムの遺伝子の発現パターンが、卵細胞の内部環境に曝されて、卵細胞で発現しているものと同じように変化したと考えられる。ゲノム内の遺伝子の発現パターンは究極において可逆的なのだ。一九九六年に、ヒツジでも同じような実験がなされ、この結果生まれたヒツジは「ドリー」と名付けられた。この二つの研究はｉＰＳ細胞の先駆をなす成果であった。ガードンはこの研究で山中伸弥と共に二〇一二年度のノーベル賞を受けた。

高等動物でも分化した細胞の核のＤＮＡの発現パターンを変えうることはわかったが、分化した細胞を丸ごとプリミティブな細胞にするまでには至らなかった。ｉＰＳ細胞はそれを可能にした最初の成果だ。ｉＰＳ細胞は induced pluripotent stem cell（人工多能性幹細胞）の略である。幹細胞は分裂して自身と同じ幹細胞をつくる能力と、他の細胞に分化する能力を兼ね備えた細胞だ。動物の初期発生の期間のプリミティブな細胞は、受精卵を含めて、分裂して自身と同じ細胞としてとどまることができず、不可逆的に変化して他の細胞に分化していってしまう。ｉＰＳ細胞は自身と同じ幹細胞をつくれると同時にさまざまな組織に分化できる。

核移植などの技術により、受精卵と同じ能力を持つ細胞をつくれれば、極めて優秀な性質を持つ動物のクローンがつくれるので、畜産などの分野では有用であるが、医療には役に立たない。自分と同じクローン人間をつくって、自分の臓器が不調になったとき、この人の臓器をもらって生き延びることは、技術が進歩すれば可能だろうが、倫理的に許されるものではないからだ。一方、ｉＰＳ細胞からは、ｉＰＳ細胞のクローンをつくれるので、必要なときに必要な組織に分化させて移植の材料として使うことができる。

人工的につくられた幹細胞としてｉＰＳ細胞に先行するのはＥＳ細胞（embryonic stem cell：胚性幹細胞）である。ただ、これは胚盤胞と呼ばれる段階の初期胚の細胞からつくられるため、ヒトの場合は倫理的な問題が発生する。本来なら成体に育つはずのヒトを、発生のごく初期の段階とはいえ、個体としては育たなくしてしまうからである。一方、ｉＰＳ細胞は分化したヒトの細胞に特定の遺伝子を導入してつくる、ＥＳ細胞と同様な働きを持つ幹細胞で、個体を殺すわけではないので、倫理的な問題は少ない。

もう一つのタイプの幹細胞は体性幹細胞と呼ばれるもので、造血幹細胞、神経幹細胞などが知られ、動物の体内に広く存在する細胞である。特定の組織に分化する幹細胞で、多能性を持たない。患者の体性幹細胞から組織をつくって移植をすれば、拒否反応もなく、倫理的な問題も少ない。大やけどをした後の皮膚移植などでは実用化されている（最初、あらかじめつくってあった他人の皮膚のシートを移植しておき、拒否反応が出るまでのあいだに、患者自身の皮膚幹細胞から皮膚のシートをつくり、移植しなおす）。最近、体性幹細胞の可塑性（別のタイプの体性幹細胞になること）が注目されており、技術の進歩により移植医療として応用可能な領域が広がることが期待される。

iPS細胞の後で、STAP細胞（刺激惹起性多能性獲得細胞）というのが出てきて、これからつくられたSTAP幹細胞は、将来の移植医療のエースになると注目されたが、残念ながらこれはガセネタであった。最初、私もびっくりした口であった。何が驚いたかといって、分化した細胞を酸に曝すなどしてストレスを与えるだけで、遺伝子の発現パターンが変化してプリミティブな細胞に変わるということだったからだ。

iPS細胞は遺伝子を導入してつくるので、がん化しやすいと言われていたので（最近は技術が進歩して改善されてきたようだ）、環境からのバイアスだけで多能性幹細胞がつくれるならば、より素晴らしい方法だと思った人も多かったはずだ。

それに、環境の激変が遺伝子の発現パターンを変化させる原因となりうるならば、これは生物の進化を解明する大きな武器になるかもしれないという期待も、私を興奮させた原因であった。

医・食・学……iPS細胞がもたらすインパクト

iPS細胞に話を戻す。ES細胞はゲノムを改変していないため、より正常なプリミティブ細胞に近く、がん化もし難いが、レシピエントの拒否反応を最小に抑えるためには、個々のレシピエントに適合的なたくさんのタイプのES細胞を用意しなければならず、そのためにはたくさんのヒトの初期胚が必要となり、先に述べた倫理的な問題が大きく立ちふさがる。一方iPS細胞は倫理的な問題は少ないので、患者のタイプに応じたいくつものタイプのiPS細胞を用意することができるというメリットの反面、遺伝子を導入するなどの人為的な操作を行ってつくるため、理想的なiPS細胞をつくるのが難しいという難点がある。役に立たないヤクザなiPS細胞もどきもかなりたくさんできるのである。これらのなかから、役に立つ安全なiPS細胞を選別することが重要となってくる。

iPS細胞はそのままでは移植に使えず、組織の細胞に分化させて（これを分化誘導と言う）初めて移植医療の役に立つが、これが一筋縄ではいかないのだ。分化誘導のためには、iPS細胞を特殊な培養液に入れたり、iPS細胞にいくつかの遺伝子を導入したりして、通常数ステップを経て、目的の細胞をつくるわけだが、こういった人工的な操作によってつくる細胞は、本来の細胞とは少しく異なり、通常は多少機能が落ちると思われる。

ただ、本来の細胞と異なるということはより優れた機能を持つ可能性もないわけではないので、研究の進展いかんでは、老化した細胞をｉＰＳ細胞由来のものに置き換えて老化を遅らせるといったことも可能になるかもしれず、そうなると、ｉＰＳ細胞の前には移植医療とは別の可能性が開けてくるだろう。

ただ今の段階では、分化誘導のプロセスで目的外の細胞も出現してくるので、これをいかに除去するかということが、安全な移植医療の喫緊の課題である。将来的には、役に立つ安全なｉＰＳ細胞を簡単につくる技術が確立すれば、患者本人の体細胞からｉＰＳ細胞をつくり、これを材料に移植を行えば拒否反応は起こらず、理想的な移植医療技術になるという期待もある。ただし、問題があって、患者の疾患が、遺伝子の異常に多少とも関係するときは、また同じ病気が発症する可能性が高くなる。一方で、遺伝的な原因で、特定の組織に病変が起こるならば、病原遺伝子を持つｉＰＳ細胞からその組織のクローンをつくり、さまざまな薬の治験や、遺伝子治療を試みることも容易になり、遺伝子病の治療法が進むであろう。

成功すれば、世界をドラスティックに変える可能性があるのは、ｉＰＳ細胞を使った食材の生産だろう。現在でも牛の体性幹細胞から、細胞培養により筋肉組織を育てて人工肉をつくることができる。二〇一三年に牛の人工肉が初めて公開されたときは、ハンバーガー用のパティサイズの肉をつくるのに三二万五〇〇〇ドルもかかったが、現在では一一ドルに下がっているという。さらに価格が下がれば、実用化されるだろう。iPS細胞あるいはES細胞を使えば、筋肉ばかりでなく、さまざまな組織を人工的につくれるので、食材の多様性は確保できるし、牛ばかりでなく、他の食肉用の家畜にも応用できる。

この技術が一般的になれば、家畜を屠殺しなくても食肉をつくれるので、動物愛護の観点からは歓迎されるだろう。ほとんどの人が人工肉を食べるようになれば、現在の捕鯨と同じように、牛や豚を殺して食べる人は野蛮だといって非難され、先進国では家畜を殺すことは非合法になるかもしれない。畜産農家は食っていけなくなり、膨大な面積の放牧地は不要になる。この土地を放置しておけば本来の生態系に遷移して、野生動物が棲みつくようになり、生物多様性の保全にとってもプラスになる。

というような明るい未来になればいいのだろうけれど、実際は放牧地は作物を栽培する農地に転用されたり、住宅地や工場用地になったりして、世界の食糧生産高は増加し、それにつれて人口もさらに増え、グローバル・キャピタリズムにとっては、明るい未来かもしれないが、残念ながら、一般市民の暮らし向きはひどくなるだろうと思われる。

最後に、iPS細胞がもたらす成果が、発生生物学や進化生物学に与えるであろうインパクトについて私見を述べたい。分化誘導の研究が進めば、現実の生物の発生過程で、どんな要因が分化を進めているかもわかってくるかもしれない。すると遺伝子の発現制御の実際のプロセスが解明されてくるであろう。その先にあるのは進化メカニズムの解明である。発生のプロセスが変化して生物の形態が変われば、大きな進化が起こる。そのメカニズムがわかれば、実験的に生物を進化させられるかもしれない。すべての技術は現実に起こっていること（起こったこと）の模倣である。進化もまた例外であると考える根拠はない。

4 ―クローン人間の未来予想図

ウソであってほしい、との願望

ラエリアン・ムーブメントという新興宗教団体傘下の企業がヒトのクローン赤ちゃんを誕生させたと発表したのは二〇〇二年の暮れである。「イブ」と名付けられたこの女児は、既婚女性の皮膚の細胞の核を使ったクローンで、その女性自身の卵を使い（私が読んだ毎日新聞の記事ではその点があいまいであったが、文脈からはそう解釈できた）、自身の子宮に着床させて誕生させたとのことだ。もし、この話が本当であれば、これは人工単為生殖である。ほとんどの動物には雄と雌がいて有性生殖を行っているが、まれに雌しかいない動物がいる。奈良の春日山にクビアカモモブトホソカミキリという長い名前の甲虫がいるが、これは雌ばかりで雄はいない。一匹の雌から生まれた子供はすべて母親と同じ遺伝子組成を持つクローンである。ラエリアン・ムーブメントの話の真偽は別として、技術の力を借りれば、人間でもそういうことができることはほぼ確実である。子供をつくるのに男は要らないのだ。

ラエリアン・ムーブメントがつくったという二例目は、女性同性愛者のクローンで、三例目は、事故で死んだ男児のクローンだという。DNA鑑定をするなどの科学的な証拠を見せないので、この教団の発表はいかがわしいと思われるようになったのであろう、新聞での扱いはだんだん小さくなってきた。特に三例目は日本人の科学者夫妻の、一年半前に事故死した二歳の男児のクローンというのだから、もし本当であれば、一面トップの大ニュースのはずだ。文部科学省は、「この新興宗教団体の主張には科学的根拠がなく、騒げば宣伝になるだけ」と受け止め、遠山文科相〔当時。以下同〕も「現段階ではむしろ何も対応しないほうがよい」と話したという。ウソに違いない、ウソであってほしい、との願望がにじみ出たコメントで、本当であったときの狼狽ぶりが今から予想できるようでおかしい。

三例目のクローンは、生前に採取した男児の体細胞を凍結保存して、卵は第三者の提供を受け、日本人ではないアジア人の代理母が出産した、ということだから手が込んでいる。手が込んでいると言っても、現在の技術水準からして、これは荒唐無稽な話ではないのだ。

専門家の大半がこの教団の発表に疑問を抱いているのは、あまりにも簡単にクローンができてしまう点なのだ。クローンづくり（正確には体細胞核移植技術による体細胞クローン）はまだ未熟な技術で、成功する確率はあまり高くない。

体細胞クローンをつくるには、卵と体細胞がまず必要である。卵は女性の体内から採取する。体細胞は男性でも女性でもよく、適当な組織から採取する。採取した卵細胞の核を除いて体細胞と融合させる。シャーレのなかで適当なところまで育てて子宮に入れて着床させる。核の遺伝情報はすべて体細胞由来なので、核由来の遺伝に関しては、体細胞の元の持ち主と同一のクローンができる。これがクローンづくりの原理である。

そう書けばとても簡単なようであるが、実際にはなかなかうまくいかないのだ。というのは、卵（未受精卵）のなかに入れられた体細胞の核のゲノム（核に含まれるDNAの総体）は、卵の細胞質の働きで初期状態にセットしなおされると考えられているが、このメカニズムがまるで不明なため、今のところ、やってみなければ胚になるかどうかわからないというのが実情なのだ。さらには、移植された体細胞のゲノムの機能が、正常な受精で生じたゲノムのそれと、完璧に同じになることは難しいらしく、ためにクローンの胎仔は巨大になったり、死産になったりすることが多いのである。あるいは、首尾よく誕生しても、クローンは寿命が短くなるとも言われており（場合によっては必ずしもそうはならないことを示唆する実験結果もある)、今のところ、ヒトに応用するのは危険すぎる技術なのである。

だから、専門家がクローンのヒトへの応用はまだ時期尚早だとして反対するのはよくわかる。しかし科学技術の進歩は日進月歩であり、これらの難点はいずれ克服されるだろう。少なくとも、克服されないと考えるべき根拠はない。そうなったとき、果たしてクローン人間に反対する根拠はあるのだろうか。

「クローン人間禁止」のほんとうの理由

ラエリアン・ムーブメントの発表に対して、ローマ法王庁は「ヒトクローンは事前に対象を選んでコピーするものであり、人間を奴隷化する犯罪行為である」との非難声明を出した。またフランスのシラク大統領は「人間の尊厳に反する犯罪行為だ」と批判、ブッシュ米大統領もホワイトハウスの報道官を通して似たような非難声明を出したという。日本では法律で、クローン人間をつくった人は、一〇年以下の懲役、一〇〇〇万円以下の罰金、又はこれを併科する、と定められていることもあってか、マスコミの論調はクローン人間に否定的なようだ。しかし、論理的に考える限り、安全性という点を除いては、クローン人間に反対する根拠はまったくないと私は思う。脳死者からの臓器移植も人工授精も借り腹も許されて、クローン人間はダメというのは、昔の人が、「魚は食べてもよいが四つ足は食っちゃいけねえよ」と言うのと選ぶところがない迷信である。ましてや、よその国を先制攻撃して無辜（むこ）の民を殺戮しようと目論んでいる人が、「クローン人間は人間の尊厳に反する」などと言うのは笑止であろう。

多くの人が誤解していることがある。クローン人間はコピー人間だから、個人の唯一性に反するという主張だ。核DNAが同一だからといって、個体としての人間がコピーということはまったくない。一卵性双生児は自然に生じたクローンだが、どちらも全き人間であり、体つきこそ似ているが、思想・信条・嗜好などが違うのは当たり前だろう。誤解の元にはDNAがすべてを決定しているとの神話がある。生物の形質はDNAと発生環境の相互作用により決定されるのであって、DNAのみにより決定されるわけではない。クローン人間の発生環境は、クローンの元になる体細胞の提供者とは異なるから、クローン人間と元になる人間は一卵性双生児ほどにも似ていないと考えられる。

神聖なる生命の誕生に人為が介入するのは神への冒瀆だ、というのがローマ法王庁の反対の真意であろうが、それを言うなら体外受精だって同じようなものだ。それに受精の瞬間に生命が誕生するというのは根本的に間違っている。生命は三八億年前に誕生して細胞分裂を繰り返して綿々と引き継がれてきたのであって、受精の瞬間に誕生したわけではない。

一九七八年、イギリスで世界初の体外受精児が生まれたとき、ローマ法王庁をはじめとする世界の論調はほとんど非難一色であった。今では体外受精はごく普通のこととなり、「試験管ベイビー」などという差別的な用語も死語になった。「試験管ベイビー」なんて、おぞましいと思っていた一般の人々も、慣れてしまえば、何とも思わなくなってしまう。体外受精で生まれる赤ちゃんは、日本だけで年間一万人を超えている。不妊に悩む夫婦は少しもおぞましいなどと思わずに、ごく普通の、不妊治療法として体外受精を受け入れていることがよくわかる。クローン技術の安全性が確立されれば、不妊治療の選択肢の一つとして、クローンもまたごく普通に受け入れられるようになるのは間違いない。反対する論理的な理由も倫理的な理由も何一つないのだから。

あなたが女性だったとして、夫に原因（無精子症）があり子供ができないとしよう。クローン技術が安全だとして、どうしても子供が欲しいあなたは、見ず知らずの男の精子で妊娠するか、もしくは夫の父（義理のお父さん）の精子で妊娠するか、クローンをつくるかの決断をせまられたとする。最初のはレイプされて妊娠するみたいでイヤだし、二番目も近親相姦みたいでイヤだと思わないだろうか。だったらクローンが一番まし。そう思わないだろうか。もし、私が女で当事者だったら間違いなくそう思うだろう。今はまだ夢物語だが、将来的には受精という方法を採らずに、夫と妻の遺伝情報を半分ずつ入れた細胞を育てられるようになるかもしれない。夫が無精子症の夫婦は、この方法でなら自分たちの本当の子供をつくることができるわけだから、これが福音でなくて何であろう。

論理的にも倫理的にも合理的な理由がないにもかかわらず、世界の政治家やマスメディアや生命倫理学者が「クローン人間禁止」の大合唱をしている真の理由は何なのか。岡本裕一朗の『異議あり！　生命・環境倫理学』（ナカニシヤ出版）によれば、それは「男性中心主義」が根底から解体するからであるという。案外、本当かもしれないなあ、と私は思っている。体外受精は精子がなければはじまらないわけだから男はどうしても必要だ。しかし、冒頭にも書いたように、クローン技術には男は要らない。女（卵）は絶対必要だけれどもね、今のところは。将来、体細胞のみからクローンがつくられる技術が開発されれば話は変わるけれども、それまでは卵は絶対必要だ。卵を持っている女の人でありさえすれば男はまったく不要で、自分の卵と自分の体細胞から自分のクローンをつくれる。男も自分のクローンをつくれるけれども、女の人から卵をもらわなければ自分のクローンはつくれない。

将来、女の人がすべて徹底的なフェミニストになって、男とはセックスもしないし男の子供はつくらないとなっても、クローン技術さえあれば、さしあたって人類は滅びない。子供は女のクローンばかりになるけどね。アマゾネスの国だね。男の政治家や、男に取り入って偉くなった一部の女の人が反対するのも無理はないなあ。

「私はどうして生まれてはいけなかったのですか」

さて、ここは数十年後の日本である。クローン人間づくりは密かに進行しているのだけれども、「ヒトに関するクローン技術等の規制に関する法律」という天下の悪法がまだ存在するため、誰も公にはクローンをつくったとは言わない。不妊治療のクリニックのなかには、クローン人間をつくっているところもあるのではないかとの噂もあるが、噂だけでクリニックの患者のDNA鑑定を強制するわけにもいかず、証拠がないので警察も動くに動けないという状態が続いている。

ここに勇気のある女の子が現れて、母親ともどもマスコミに登場して、自分はクローンであることを公表したとしよう。警察はこの母と娘に、資料（体の組織の一部）の任意提出を求め、クローンであることを確認する。クローンをつくったクリニックの医師は逮捕され、母親も共犯容疑で取り調べを受けることになった。マスコミは騒然として連日この話題でもちきりとなる。女の子はテレビに出演して切々と訴える。

「私は学校で自分を生んで育ててくれたお母さんと、お父さんを大事にしようと教わりました。私にはお父さんはいません。それは私がクローンだからです。私を生んで育ててくれたお母さんと、私を生むのを手伝ってくれた先生は、今、警察に捕えられて罰せられようとしています。その理由は私をつくったからです。私は生まれてはいけない子だったのでしょうか。私はどうすればいいのですか。もし、私がこの世から消えてしまえば、お母さんや先生を許してくれるのですか。それならば私は、愛するお母さんと尊敬する先生のために自殺します。でも、その前に教えてください。私のどこが悪いのですか、私はどうして生まれてはいけなかったのですか」。

つぶらな瞳に涙をいっぱい浮かべて、年端もいかない女の子に、こう切々と訴えられたら「ヒトに関するクローン技術等の規制に関する法律」などは、こっぱみじんにふっ飛んでしまうと私は思う。技術の進歩とはそういうものであり、何人もそれを止めることは不可能なのである。安全性さえ問題なければ、どんな方法で子供をつくるかは当事者の勝手なのだ。クローン人間禁止などは愚の骨頂である。クローン人間がイヤならば、自分がつくらなければそれでよいではないか。他人のやり方にあれこれ口を出すのはよけいなお世話である。

5　ヒトの性はいかに決定されるか

遺伝的な性とは何か

男と女の性の違いは何によって決定されるのだろうか。遺伝的要因が重要なのか。後天的要因が重要なのか。それともどちらも同じくらい重要なのか。

受精卵の段階では、少なくとも外見上、男女の差はない。発生するにしたがって徐々に性差が顕わになって、妊娠三ヵ月の胎児になれば、外性器の形がはっきり異なる。だから、みてくれの性差がエピジェネティック（後成的）に決まるのは確かだ。問題は、形は後になって出現してくるにせよ、性差をつくる原因がすべて受精卵のなかにあらかじめ存在するかどうかにある。

受精卵のなかを調べてみる。将来、ほとんど男に発育する受精卵と、ほとんど女に発育する受精卵の唯一のはっきりした違いは、性染色体の違いである。人間の細胞のなかには通常四六本の染色体があり、二三本は母親から、同じく二三本は父親から由来したものだ。父親から由来した染色体と母親から由来した染色体はそれぞれ一本ずつペアになっており、従って、受精卵のなかには通常二三対の染色体のペアが存在する。ペアになっている染色体は形も大きさもほぼ同じであるが、別のペアの染色体どうしは形も大きさも違う。

ところが、将来ほとんど男に発育する受精卵のなかには、ペアの染色体であるにもかかわらず、形も大きさも異なるものが一対だけある。このペアの染色体のうち大きいものは母親から由来したものでXと呼ばれ、小さいほうは父親から由来したものでYと呼ばれる。将来ほとんど女に発達する受精卵のなかにはYは存在せず、Xの対が存在する。これらの染色体は性染色体と呼ばれる。すなわち、性染色体は通常、男ではXY、女ではXXである。残りの染色体は男女で差はなく、これらは常染色体と呼ばれる。

男と女の違いが受精卵の段階ですべて決定され、後天的な要因はまったく関係ないとするならば、男女の違いはXYとXXの組み合わせの違いに還元できるはずだ。しかし、事はそんなに単純ではないのだ。XYの女の人とかXXの男の人とかが存在するのである。

ヒトを含めた哺乳類では性を決定するのに最も強く関与している遺伝子はSRY（Sex determining region Y＝性決定領域Y）と呼ばれ、Y染色体の特定の部位に存在している。通常はこの遺伝子があれば男に発育し、欠けていれば女に発育する。この見地からは、女は染色体を二つ持つから女になるのではなく、常にY染色体（上のSRY）が欠けているから女になるのである。

精子や卵をつくる元の細胞には四六本の染色体があるが、精子や卵には二三本の染色体しかない。精子や卵をつくる細胞分裂の際にペアの染色体が分かれて染色体数が半減するのである。これを減数分裂と言う。減数分裂の際にペアの染色体はぴったりとくっつき（これを対合と言う）互いに遺伝子を交換する。その後にペアの染色体は分かれて別々の細胞に入るのである。女の場合、XとXはぴったりと対合するが、男の場合、XとYはペアとはいえ形も大きさも違うので部分的にしか対合しない。ネズミではY染色体上のSRYは対合部からはるかに離れたところにあるが、不思議なことにヒトではSRYは対合部に際どく接するところに存在し、ときに遺伝子の組み換えが起きて、X染色体の上に移ることがある。

何が起こるかというと、SRYがX染色体上に存在する精子がつくられるのだ。このX精子と受精した卵はXXであるにもかかわらず、男に発育する。逆にSRYをXに取られたYを持つ精子と合体した卵はXYであるにもかかわらず女に発育する。こう書けば、SRYの存在の有無が厳密に男と女を決定しているように思うかもしれない。しかしそれも少し違うのだ。SRYがあっても男にならない場合があるのだ。SRYがつくり出す物質は最初のスイッチにすぎない。そこからカスケードのように、いくつもの遺伝子にスイッチが入ったり、別の遺伝子のスイッチを切ったりして、システム全体として男をつくるのである。カスケードの途中で何らかの介入がありカスケードがブロックされたりすれば、このシステムは正常な（という意味は最も一般的なということで必ずしもよいということではない）男をつくらない。

正常な男をつくるのに必要な遺伝子はX染色体上にも常染色体にもたくさんあり、SRYは一番最初のきっかけを与える遺伝子にすぎない。SRYが単独で男をつくるわけではない、カスケードが首尾よく機能してはじめて正常な男がつくられるのだ。場合によっては、精巣までつくられても、体は女のようになることすらある。精巣から男性ホルモンが分泌されても、男性ホルモンに反応するレセプターが欠損している場合だ。多くは遺伝的なもので、レセプターをつくる遺伝子に欠陥があるのだ。腋毛や陰毛が薄くなり、外性器も女性型になり、乳房も発達し、体のみてくれは女になる。周囲も本人も女と思って育つが、思春期になっても生理がこないので、おかしいと気づくことが多い。卵巣や子宮はないので、この人を正常な女と呼ぶわけにはいかない。このような事例を見ると、すべての人は男か女のどちらかに属するという二分法が間違っていることがわかる。

ヒト以外の生物の性決定

生物のなかには無性生殖で増殖するものがたくさん存在する。バクテリアのような単細胞生物ばかりでなく、昆虫や魚のような高等な動物にも無性生殖するものがいる。性は生物にとって必須のアイテムではないのだ。とすれば、男と女という二分法は生物のシステムにより厳格に決定されるというよりも、それぞれの生物によりかなりアド・ホックに決まっていると考えたほうがよいのだろう。

実際、鳥類では性染色体の組み合わせは雄でホモ（ZZ）、雌でヘテロ（ZW）になっていることが多く（鳥では性染色体をZとWで表記する）、この場合、メス化のための最初のスイッチが入らなければオスになり、哺乳類と反対になる。昆虫、たとえばショウジョウバエの性決定は、哺乳類のそれと同じようにXXは雌に、XYは雄になる。しかし、そのシステムは異なる。ショウジョウバエではY染色体の有無によって性が決定されているわけではなく、Xの本数により性が決定されている。Xが一本ならば雄に、二本以上なら雌になる。ヒトでもショウジョウバエでも、細胞分裂の際の異常により、XXYといった性染色体の組み合わせ異常がときに出現するが、これはヒトでは男に、ショウジョウバエでは雌になる。よく知られているように、ミツバチの女王は単為生殖によりオスバチを産む。

このハチの性染色体はX一本だけで、従って当然雄になる。

ワニやカメでは卵の発生時の温度によって性が決まる。そう記せば、性決定に遺伝子はいかなる関与もしていないかのように思われるかもしれないが、決してそんなことはない。たとえば、高温下で育った卵からかえったカメは雌になり、低温下の卵からかえったカメは雄になることが多い。雌雄のあいだで遺伝的な差はない。しかし、もちろん、性を決定する原因のすべてが温度にあるわけではない。恐らく、最初のトリガーになる遺伝子からつくられた物質の温度感受性が高く、温度がこの物質を活性化する（あるいは不活性にする）ことにより、後の遺伝子カスケードが決まるのだろう。したがってこの場合、性決定は発現する遺伝子群の違いにより生ずる。最初のシステムは雌雄のどちらをもつくることができるのだ。

ボネリアという海棲の無脊椎動物の一種は、幼生が海底の岩の上に落ちれば雌になり、たまたま雌の吻の上に落ちれば雄になる。恐らく雌の体から、オス化を進める物質かメス化を抑制する物質が分泌されているのだろう。雌の口吻に落ちた幼生をしばらくしてから離すと中間の形態のボネリアに育つ。ある種の魚は成体になってからでも性転換が可能で、クマノミはオスからメスへ、ベラ類はメスからオスへ性転換する。性決定のシステムが可変的で、ほんのわずかの外部情報の違いにより切り換わるためだと考えられる。

ヒトでは性は遺伝的に決定されていて融通がきかないように思えるが、男になるシステムも女になるシステムも等しく同じゲノムのなかに封緘されている点では、ワニでもカメでもクマノミでもヒトでも変わりはない。違いは最初のきっかけになる情報が遺伝的にくくりつけになっているか、環境中に存在するかにすぎない。男女になるシステムがまったく別ということではないのだ。自動車のギアを切り換えることにより、車は前に走ったり後ろに走ったりするが、システムが異なるわけではないのと似ている。

身体構造の性と性アイデンティティ

ヒトでもまれに精巣と卵巣を共に持った子供が生まれることがある。多くはXXの人で、ほとんどの場合、右側に精巣があり、左側に卵巣がある。胎児の体は微妙に右半分のほうが早く発育する。現在のヒトではSRYが最も重要な性の決定権を有しているが、昔はSRYではない別の遺伝子が性の決定権を握っていたらしい。ごく稀にこの古い遺伝子が発生の早期に作動して、早く発育している右側を男に誘導するらしい。少し遅れて左半分が発育する頃には、この古い遺伝子は機能を停止して、左半分は女になるというわけだ。

男と女が決定的に二分法的に分かれているという考えは、以上のことから正しくないことがわかるだろう。受精卵の段階では、ＳＲＹがあろうがなかろうが、どちらの性になるかは決定されていないのだ。ＳＲＹを有していても発生の途中でこれをブロックする物質を作用させれば男に発育することはないだろうし、ＳＲＹがなくともＳＲＹの発現物質を等価な物質を投与することにより男にすることができるに違いない。

発生の途中で環境からのバイアスがかかれば、ＳＲＹが作動するにせよしないにせよ、男あるいは女をもたらす遺伝子カスケードは乱れ、典型的な男や女にはならないだろう。たとえば、胎児のときに環境からの性ホルモンにさらされると、本来予定されたものとは異なるバージョンに落ちることはよく知られている。典型的な男と女というのは可能な発生プロセスのうちの最も起こりやすい二大バージョンの帰結にすぎない。そのあいだにも実はさまざまなバージョンが可能で、さまざまなインターセックスが存在する。どのようなバージョンに落ちるかはすべて遺伝子と環境の相互作用により決まり、遺伝子のみあるいは環境のみで決まるバージョンはない。

ただ、ヒトがある種の魚と異なるのは、ひとたび発生が進み、あるバージョンに落ちてしまうと変更するのが極めて難しいことだ。成体になってからは、体のみてくれの性を変えることや、内性器（子宮や卵巣や精巣）を変えることはもちろんのこと、心的な性アイデンティティを変更するのも難しい。ピンカーの『人間の本性を考える』（ＮＨＫ出版）

に次のような事例が紹介されている（下、一三〇〜一三一頁）。

生後八ヵ月の男児が包皮切除の失敗でペニスを失った。両親は性研究家ジョン・マネーの助言に従い、赤ちゃんの精巣を除去して人工的に膣を形成して女の子として育てた。ところが、この子は小さいときから自分を女の子と認めるのをいやがり、フリルのついた服をぬぎ捨て、人形を拒否してピストルを欲しがり、男の子と遊ぶのが好きで、立っておしっこをすると言い張った。一四歳のとき、あまりにもつらいので男として生きるか死ぬかのどちらかにしようと決意したところ、とうとう父親が真実を話した。そこで新たに手術を受けて男のアイデンティティを身につけて、その後女性と結婚している。

この事例以外にも、事故や先天的な畸型でペニスが欠けた男の子を女の子として育てた事例がたくさんあり、子供たちはいずれも、社会が自分に押しつけてくる性と、自分自身の心的な性アイデンティティの食い違いに悩んだという。心的な性アイデンティティは出生時までに定まり、その後で変更するのは難しいのだ。

心的なアイデンティティとしての性は、一般には身体的な性とパラレルに決まるが、ときに食い違いを起こすこともある。たとえば、胎児のときに男性ホルモンに過剰にさらされた女児は心的な性アイデンティティが男に近くなることが知られており、この影響は一般的には不可逆的である。心的な特性が脳の構造から発するのであれば、エピジェネティックなプロセスの結果、脳の構造が不可逆的に変化することが心的な性アイデンティティの生物学的な差異の基礎をなすことは間違いない。

人間にとって、性に関するカテゴリーは少なくとも三つに分けることができる。一つはSRYの有無に代表される遺伝的な性、二つ目は身体的構造としての性、三つ目は本人の性アイデンティティ。これらは基本的に独立に発現可能で、しかもそれぞれに、中間的なバージョンがいくつもあるので、この世の中に性パターンが何種類あるかを言うことは難しい。とりあえず「たくさん」と答える他はない。典型的な男と女というのは最も多数派の二つのパターンにすぎない。

生殖にとって重要なのは第一と第二の性パターンで、この二つのパターンがいわゆる正常からはずれていると、子供をつくることが難しくなる。しかし、社会的には第一の性パターンは重要ではなく、圧倒的に第二の性パターン、特に身体的なみてくれの性が重要となる。親や社会は生まれた赤ちゃんの外見的なみてくれによって、男または女として育てるからである。そして本人にとって最も重要なのは第三の性アイデンティティ、及び第二の性パターンと第三の性アイデンティティの適合性である。この二つが不適合であると本人は大変苦しむことになり、社会からは「性同一性障害」などという差別的なレッテルを貼られることになる。

体の性と心の性はいつ決定されるのか

先に述べたように第二の性パターンはエピジェネティックに決まる。決定要因はここでも遺伝子の組み合わせと発生時の環境である。ただし、決定は出生時にはすでになされていることが多く、環境は胎児期には重要であるが、出生後は性パターンの決定に重要な影響を及ぼさない。そういう意味では性的な特性は出生時にはほぼ決定されているように思える。それは第一の身体的な構造としての性ばかりでなく、第三の性アイデンティティに関しても同様である。

心の性は脳の構造の問題である。脳は胎児期の後期に爆発的に発達し、基本的には出生時には大まかな枠組みは決定されているようだ。いかなる言語を話すかといった特性は出生後に決定されるが、心的な性は出生時にほぼ決定されていてその後で変更するのが難しいのは、それに関連する脳構造の大枠がそのときまでに決まってしまうからだと思われる。そう記すと、心の性も遺伝的に決定されていると誤解する人がいるかもしれない。しかし、そうではないのだ。遺伝的に決定されていることと生得的に決定されていることは、実はまったく違うことなのである。「生まれつき」は「遺伝的」とは異なる。エピジェネティックな発生の最もクリティカルなところは胎児期にある。遺伝的に決定されていなくとも、たいがいのことは、生まれたときには手遅れなのである。これは遺伝的決定論とはまったく違う話なのである。

体の性と心の性は、一般的にはエピジェネティックに随伴して決まる。しかし、この二つは基本的には独立だから、なかには体と心の性が多数派と食い違う人が出てくる。これは別に病気ではない。いくつもある性パターンの組み合わせの一つにすぎない。これを「性同一性障害」などと呼ぶのは差別ではないかと私は思う。たとえば「性同一性障害特例法」によれば、生殖能力を失っていることを条件に戸籍上の性別変更を認めるとのことだが、なかには身体は物理的に変更したくないが、体のみてくれとは異なる性として生きたい人もいるであろうから、こういう法律は問題ではないか。それを当然と思うのは、われわれの文化が男女の二分法から自由ではないせいである。

男と女の差がエピジェネティックに決まるということは、しかし、出生後の適当な環境や教育によって男や女を決定できるということを意味しない。男女の身体的な差は生まれつきであることを認めても、心の性差は出生後の社会的な環境によってつくられたものだ、と主張する人がいる。ボーヴォワールの有名なコトバ、「女は女として生まれるのではなく、女になるのだ」を金科玉条のように信じている人がいるが、私が先に挙げた三つの性——遺伝的な性、身体構造の性、心的な性——に関する限り、生まれたときにはほとんど決定されていると考えて間違いはない。

もちろん「女」という語の定義を適当に決めればボーヴォワールのコトバは正しくなるだろう。たとえば、「スカートをはくのは女、ブラジャーをつけるのは女」と決めれば、女は文化的に決まると考えてもさしつかえない（なかにはブラジャーつけてスカートはいてる男もいるけどね）。しかし、「日本語や英語をしゃべるのは生得的に決まっているわけではなく、文化的に決まるのだ」と言うのと同じような意味で心的な性アイデンティティが決まるわけではないのだ。

もちろん性的なアイデンティティも、いかなる言葉をしゃべるかも、エピジェネティックに決まることは間違いないのだが、クリティカルな時期が違うのである。前者は出生前に決まるが、後者は幼児のときに決まる。したがって、後者の決定に文化は強く影響するが、前者に影響を与えるのは文化などではなくて、胎児のときの物理的なあるいは化学的な環境である。文化は、どんな行動パターンが男らしいとか女らしいとかを決めることはできるが、脳の構造の性差を変更することはできない（少なくとも極めて難しそうだ）。繰り返すが、しかしそれは遺伝的に決まっているわけではない。

たとえば、同性愛について考えてみよう。同性愛の程度にもいろいろあるが、強度の同性愛はほとんど生まれつきのように見える。恐らく脳の構造が生まれた時点で同性愛者になるように決定されているためだろう。これは一見遺伝的に決定されているように見えるため、ゲイの遺伝子がX染色体にあるといった話がしばしばマスコミをにぎわす。しかしそうであれば、ゲイの遺伝子は子供を残せないため自然選択により淘汰され、ゲイの人は徐々に減ってもよさそうだ。しかしアメリカではゲイの人はむしろ増加傾向にあるらしい。

ゲイ遺伝子が女性に存在すると多産遺伝子として機能するといった特殊なことを考えない限り、だから単独でゲイを発現する遺伝子などはないと考えたほうが合理的だ。もしかしたら、ある発生環境下でゲイになりやすい遺伝的素因といったものはあるかもしれない。恐らく、この遺伝的素因はさまざまな遺伝子たちの複雑な組み合わせで、この遺伝子たちの多くは少し組み合わせが異なれば発生環境と相互作用してゲイにならない普通の脳をつくる素因として機能するのだろう。この意味するところは、同性愛でない人たちの有性生殖の結果、ある確率でゲイの人は不可避的に生じるということである。あるいは、同じ遺伝的素因の人が、ある発生環境下ではゲイになり、別の発生環境下ではゲイにならないといったこともあるのかもしれない。

結論めいたことを書き付ければ、性差は文化的に決まるわけでもなければ、厳密に遺伝的に決まるわけでもなく、発生環境にゲノムのシステムがどのように反応するかによって決まるのである。

III

6　さらば、ネオダーウィニズム
――生物は能動的に進化している

遺伝子は変わらなくてもその使い方で形が変わる

ぼくらが構造主義生物学を立ち上げたのは一九八〇年代の半ばだったけど、当時はリチャード・ドーキンスの『利己的な遺伝子』が大ブームになっていて、ネオダーウィニズム一色だった。

生物の進化は遺伝子の突然変異と環境に適した遺伝子が生き残る自然選択で起こり、遺伝子以外の原因で出現する形質は遺伝しない、というのがネオダーウィニズムの主張だけど、ぼくらは遺伝子よりシステムがより重要だと考えた。

もともとぼくは昆虫生態学をやっていて、タイのチェンマイに虫を捕りに行ったら、違うグループなのに同じような斑紋を持ったカミキリムシがいっぱいいた。つぎに違う場所に行ったら、そこにもまた前の場所とは異なる斑紋の似たカミキリムシがいて、同じ場所の虫たちの斑紋が似るのはなぜなんだろうと。斑紋なんか適応的じゃないし、どうもネオダーウィニズムの主張は怪しいぞ、と思い始めた。

それで『生物科学』という雑誌にネオダーウィニズムを批判する論文を書いたら、柴谷篤弘先生（分子生物学者）が手紙をくれて、一緒に構造主義生物学をやることになった。最初のうち、ぼくらの説はネオダーウィニストから批判されていたけれど、その後、分子生物学が発展して、ぼくらが八〇年代から唱えていた説は基本的に正しいことが、だんだんわかってきた。

たとえば脊椎動物に顎（あご）ができたのなんかもそう。無顎類（むがくるい）という顎のない魚から顎ができたっていうのは、脊椎動物にとって大変な事件だよ。

ネオダーウィニストなら、遺伝子に突然変異が起きて小さな顎ができ、そのうちもっと大きな顎ができたとき、大きいほうが餌を噛むのに便利だという選択で徐々に顎が大きくなってきた、と説明するだろうけど、そうじゃない。顎のない魚が持っているのと同じ遺伝子が、働く場所をちょっとずらしたことで顎ができた。

一個の遺伝子が形をつくるわけじゃなく、カスケードといってメジャーな遺伝子にポンッとスイッチが入るとつぎつぎにほかの遺伝子にスイッチが入ったり切れたりしてタンパク質をつくる反応が起き、その結果としてある形ができるということが最近わかってきた。

無顎類の場合は口をつくるために働いていた遺伝子のカスケードが、もう少し奥の部分で働いたことで、そこにある骨を巻き込んで顎をつくるシステムができあがった。遺伝子たちの働く場所を変更することをヘテロトピー（異所性）と言うんだけど、ヘテロトピーによって遺伝子はほとんど同じでも、つくり出す形を大きく変えることができる。つまり進化にとって一番重要なのは、突然変異と自然選択じゃなく、形態形成システムの変更なんだよね。

遺伝子の使い方をコントロールしている根本原因はまだよくわかっていないけれど、遺伝子が変わらなくても形が変わる例はほかにもいっぱいある。一番有名なのは、ミジンコの頭の突起。

ミジンコの種類にもよるけれど、ふだんは丸い頭をしているのに、敵が多いときは頭から突起を出して、捕食者に食われないような個体が出現する。遺伝子は同じなのに、外からの刺激で発生パターンが変わるんだよ。表現型多型と言って、遺伝子は変わらなくても異なる表現型を持つ個体がいくつかできてくる。多分ミジンコは、捕食者が出す化学物質に反応して、遺伝子の発現パターンを変えているに違いない。

生物は能動的に適応している

同じ種のなかの小さな変異なら、ネオダーウィニズムで説明できるものもある。耐性菌なんかがそう。細菌を抗生物質で叩いても、突然変異で耐性菌ができるとそれ以外の細菌は抗生物質でどんどん死ぬから、耐性菌だけが増えていく。その菌を殺す新しい抗生物質ができても、細菌の突然変異率ってすごいから、新薬が効かない耐性菌ができて、またそれが増えていく。これは完全に突然変異と自然選択で説明できる。

だけど大きな進化を、ネオダーウィニズムは説明できない。たとえばクジラは、五〇〇〇万年ぐらい前まで脚があったんですよ。ネオダーウィニズムの考えだと、海に棲んでいるうちに泳ぎのうまいクジラがその環境に適応していって、徐々に脚がなくなったことになるけど、そんなのウソだって。

四肢動物だったクジラが最初から海に棲んでいたわけがない。二〇〇一年の『ネイチャー』誌にパキケトゥスっていう約五〇〇〇万年前のクジラの祖先の化石が載ったけれど、オオカミぐらいの大きさでちゃんとした脚があった。それがなぜクジラだと言えるかというと、頭の骨から解剖学的にわかつた。

DNAで系統を調べると、クジラはカバに一番近い。カバとかブタ、シカ、ウシは偶蹄類で、クジラは偶蹄類の内群なんだよ。

ところがクジラの祖先は、遺伝子の発現システムが変わって脚が短くなったことで走るのが苦手になり、陸上で生活しているとほかの生物に食われてしまう。そこで沼地に移動してワニのような生活を送っているうちに、さらに脚が短くなり、海中へ生活場所を移した。海に入ったクジラは、小さいと捕食者に食われてしまうのでどんどん大きくなっていった。海に入ってからは自然選択というダーウィニズムの考え方が有効になる。自然選択は進化の原因じゃなく、結果なんだよ。まず形が変わったことで、自ら快適な環境へと移動したわけ。

どんな動物もそうですよ。人間が無毛（本当は「ない」のではなく、薄いだけなのだが）になったのだって、適応的な形質じゃないでしょ。それがなぜ自然選択によって淘汰されなかったのか。「人類は暑さの厳しいサバンナに住んでいたので、はだかのほうが便利だった」とか「初期の人類は海のなかで生活していたので無毛のほうが適応的だった」とネオダーウィニズムの教義の信奉者は言うけど、初期の人類は森のなかに住んでいたというのが真実のようだから、それだけでもこの説は怪しい。自然選択による適応というダーウィンの説があまりにも浸透してしまったので、その呪縛から逃れられない人がたくさんいるんだよ。

では、なぜヒトははだかになったのか。たとえば言語の獲得（あるいは脳の巨大化）と無毛化に関与する遺伝子の一部が同じものだと考えればわかる。言葉を話せてはだかになるか、毛がいっぱい生えていて言葉がしゃべれないか、比べてみれば言葉を持ったほうが有利だと。言葉を持って頭が大きくなれば、寒さを防ぐために服をつくろうとかいろいろなことが可能になる。

ぼくがどうしてこの説を考えたかというと、琉球大学の木村亮介氏たちが「黒髪とシャベル歯が関係している」という論文を発表したからです。シャベル歯というのは内側がへこんでシャベルのような形をしている切歯（せっし）のことで、東洋人の七〜八割はこの歯と黒髪を持っている。髪の毛と歯なんて関係なさそうだけれど、実は第二染色体のＥＤＡＲ遺伝子が関与しているという。

一つの遺伝子が二つ以上の形質に関係しているとすれば、ある形質が適応的なとき、別の非適応な形質も適応的な形質の副産物として存在することができると思う。人間のはだかも言語を獲得したことの副産物なんじゃないかな。自然選択でだんだん毛がなくなってきたわけじゃないんだ。人間以外の生物でも、まず先に形が変化した。その後でそれに適した場所へ移動して生活するようになったのだと思う。

生物は能動的だから、形が変わったら自分に一番適応する場所へ動いていく。「能動的適応」ってぼくは言ってるんだけど、考えてみればそのほうが合理的だよね。

もう一つ、形質に関して言うと、ネオダーウィニズムでは獲得形質は遺伝しないとされているけれど、これも違う。ショウジョウバエの胚をエーテル蒸気にさらすと、元来は二枚できる翅（はね）が、四枚になることがあるんです。翅が四枚になったショウジョウバエ同士を交配させて卵を産ませることを繰り返すと、四枚翅のショウジョウバエが生まれる確率が高くなって、最後には胚をエーテルにさらさなくても四枚翅のショウジョウバエが生まれてくる。

外の刺激によって別の遺伝子が発現して違う形になり、その状態がずっと続いていくと、その刺激がなくなってもその形になっていく。そういうメカニズムで進化することもあるんですよ。

二一世紀の生物学の課題は新しい生命をつくること

今、ぼくが興味を持っているのは、新しい生物を人工的につくること。生命をつくり出すことは、二一世紀の生物学の課題でもあると思う。

もちろん、きわめて難しいよね。そもそも「生命」って何かと聞かれてもよくわからない。実際につくった人は誰もいないし、法則がわかっていないんだから。

ただしわかっていることもあって、クマムシっていう変な生物がいるんだよ。大きい個体で一ミリぐらいだから、目でやっと見えるぐらい。体が乾燥して水分含有率が〇・五パーセント以下になっても生き返る。代謝も何もすべて止まるから、普通の生物だったら「死んだ」という状態なんだけれど、そこに水を一滴垂らすと生き返る。しかも一〇年ぐらいは乾燥していても平気だという。

なぜこんなことができるかというと、クマムシは乾燥化するときトレハロースという糖をつくり、そこに高分子を貼りつけて、タンパク質もＤＮＡも壊さずに保存したまま、蛇腹のように体を縮めていく。そこに水が加わると、トレハロースが溶け、それを栄養にして動き出すわけだ。

これが何を意味しているかというと、ぼくらが、もし乾燥したクマムシの高分子を全部同定してそのとおりに並べ、水を一滴垂らすことができれば原理的には生物がつくれるということ。

だけどできない。というのは、生物をつくっている高分子が膨大すぎるから。ぼくらの体には細胞が約三七兆個あって、一個の細胞のなかに一〇〇億ぐらいの高分子が入っている。小さなクマムシだって兆を超える高分子があるだろうから、それを細かく調べて並べていくなんて不可能だよね。

生物というのは単純に言えば高分子の配置のことだけど、その配置は技術的にはつくれない。

でも、受精卵にストレスをかけて新しい生物をつくることはできるかもしれない。受精卵のなかには、親がつくったタンパク質とかＲＮＡ（リボ核酸）が入っているでしょ。それが最初のトリガーになって発生が始まり、その後しばらくすると自分の遺伝子のスイッチが入る。

そのスイッチが入るとき、受精卵に強いストレスを与えたり別のものを注入してなかの環境を変えてやると、自分の遺伝子の発現パターンが変わって、違った生き物ができる可能性があるよね。ほとんどは死んでしまうだろうけど、生き延びたものは新しい生物の起源になりえるでしょ。それがどんな生き物かはわからないけど、すごく興味がある。

ぼくは文献を幅広くサーベイして頭のなかで考えているだけなんだけど、誰かこれ、実験してくれないかな。

7　DNAによらない生物の進化

私は構造主義生物学の立場から、DNAの突然変異と自然選択で進化が起きると考えるネオダーウィニズムを批判してきました。ヒトゲノム計画や遺伝子組み換えなどの技術がかつて話題を呼んだけど、そうした研究からもDNA還元主義の無理が示されていると思われます。そのあたりをふまえて話してみたい。

ヒトとサルの違い説けるか

二〇〇三年に三二億対あるヒトゲノムの塩基配列がほぼ解読されて話題になりました。核にあるDNAすべてをゲノムと言うのですが、遺伝子として意味を持つのはせいぜいそのうち五パーセント以下。遺伝子と遺伝子のあいだにあるスペーサー――一人によってはジャンク（ガラクタ）なんて言い方もしている――という何をしているのかはよくわからないＤＮＡはとりあえず無視して話は進められている。私はそこにもかなり重要な機能があるんじゃないかと思っていますが。

ゲノム全体の配列はほぼわかったので、どの部分が遺伝子にあたり、どういう機能を果たしているかに研究の焦点は移っている。あともう少しで二三本の染色体全体を通して、遺伝子の位置や機能を解明できるのではないかと思います。

ヒトとチンパンジーのゲノムの共通性についての最近の研究では、九八・七七パーセントまでが一致、つまり一・二三パーセントしか違わないこともわかっている。人工交配して子どもができても不思議ではないくらいの違いです。

普通の生物だと九九パーセント近く同じというのは、亜種程度の違いしかありません。ヒトとチンパンジーが枝分かれしたのは、六五〇〇万～七〇〇〇万年前と考えられている。長い進化の歴史のなかではつい最近のことなのに、体のつくりや生態に大きな違いがある。アウストラロピテクスやパラントロプスなど、つい二〇〇〇万年～四〇〇〇万年前の人類と現代人のあいだには、生物の分類で言うと属の違いがある。二八〇〇万年前に分かれた昆虫のクロオオムラサキとオオムラサキは同じ属で合いの子が生まれるのだから、チンパンジーと分かれてからヒトは非常に速く進化してきたことになります。

つい最近分かれてゲノム配列の違いもわずかであるにもかかわらず、どこから大きな形態変化が生まれてきたのか。形態変化の大小と塩基配列の差違の大きさは必ずしも比例しないのかもしれない。DNAの変異と自然選択だけで進化を説明するネオダーウィニズムの無理は、こんなところにも現れていると思うのです。

人間の場合、一人一人でゲノムがどのくらい違うかというと、〇・〇五〜〇・一パーセントくらいの個人差がある。ヒトゲノム・プロジェクトでスニップ（SNP）という言葉を聞いたことがあるかもしれません。単一塩基多型（Single Nucleotide Polymorphisms）といって、たった一つの塩基配列に人によって違いが出るところがあるんです。たとえばある人ではTの並ぶ位置に、別の人ではCが来るなどといった具合です。それを複数形でスニップスと言いますが、ヒトの場合一六〇万個見つかっている。スニップスの違いと個々人の遺伝的特質の対応関係を調べる研究は始まったばかりです。

ただし〇・〇五パーセントのスニップスのうち、遺伝子のところで起きているのは本当にわずかしかない。大半のスニップスはスペーサーのなかにある。遺伝子に入り込んだわずかなスニップス以外に、スペーサーのなかのスニップスの働きにも着目する必要があると思う。その遺伝子だけの異常で病気になる原因遺伝子は約一〇〇〇個あります。ですからそれを調べれば、病気になるかどうかがわかるわけです、ハンチントン舞踏病という致命的な病気の場合、その遺伝子があるだけで一定の年齢になると発症することがあらかじめわかる。しかし、高血圧やコレステロールが遺伝的に高くなるなどの「ありふれた」病気では、対応する単一の遺伝子は存在せず、スニップスの組み合わせで起こるのではないかと考えられている。ゲノム解析からハンチントン舞踏病の薬を見つけても市場は小さい。これに対して高血圧の原因や治療法が見つかれば、すごい市場になるでしょう。これがスニップスの研究がホットな理由です。

こういう言い方をすると、人間の病気や形態まで全部DNAで決まっているように聞こえます。しかしひとつ忘れられている問題があるのではないかと思う。人間が持っている細胞のつくりは基本的に全部同じです。クローン動物は核を他の細胞に入れてつくる。

しかし、人間の核をブタの細胞のなかに入れたときに、人間ができるかという問題がある。おそらくできないだろうというのが私の立場です。人間の細胞は基本的にみんな一緒だから、個々人の遺伝的特質の違いはDNAが決めているように見える。しかし人間とブタの違いは何かといったら、DNAが働く細胞システムの違いのほうが大きいかもしれない。

DNAは遺伝情報ですが、情報はそれを解読するシステムなしでは機能しません。文脈の違いによって同じテキストでもまったく違う解釈が可能になるようなものです。私がネオダーウィニズムに反対というのは、ＤＮＡの変化によって細胞システムまで違ってくるのかという疑問があるからです。ＤＮＡを解読する細胞システムのすべてをＤＮＡが決めているなら、ＤＮＡ還元論は揺るがない。そうすればＤＮＡの変異だけが遺伝する形態変化の原因であり、自然選択を通じて進化が起こると考えられる。しかし細胞システムがＤＮＡとは別個に変わっていくようなことがあると、遺伝子還元主義に立脚したネオダーウィニズムは成立しない。一・二三パーセントへの疑問もそうですが、ＤＮＡの違い以上のものがあるというのが構造主義生物学の基本的な考え方です。

構造主義生物学は自然選択自体を否定しているわけではありません。ＤＮＡの違いによるいくつかの変異体のあいだに子孫を残す確率の違いがあれば、進化は起こるでしょう。それを否定しているわけではない。しかしそういうＤＮＡの変化が少しずつ蓄積するプロセスだけで、真核細胞が生まれたり脊椎動物ができるといった大きなイノベーションは起きないと主張しているのです。種内の進化などはネオダーウィニズムの考え方で理解できるとしても、生物の根本的な形を変えるほどの進化は、問題を分けて考えるべきだろうということです。

ミッシング・リンクの謎

二〇〇一年、「クジラが陸を歩いていたとき」というコピーをつけて、パキスタンで見つかった四つ足のクジラのイラストが『ネイチャー』という雑誌の表紙を飾りました。足のあるクジラというのも変な言い方だけど、いろいろな解析によると確かにクジラになる直近の先祖です。陸を歩いていたのが海に入って泳ぐほどになるには大変な変化が必要ですが、この変化は急激に生じたのです。

構造主義生物学ではこの問題を、足がなくなったので海に入るしか生き延びる方法がなくなったと考えます。ネオダーウィニズムは、環境への適応によって、形が徐々に変わり、結果的に大きな形態変化が起こると考えます。確かにこういったプロセスでも進化は起きるでしょうが、我々はむしろ、クジラが陸から海へ入ったといったような重要な変化は、形の変化が先行し、生き延びられる環境への移行を通して、結果的に適応現象が生じる場合も多いと思っています。

古生物学ではさまざまなミッシング・リンク、大きな変化が起きているのに中間形態がほとんど見つからないものが多くあります。みんなそれを探しているけれど、なかなか見つからない。それは「ない」と考えたほうがいい。連続的なプロセスは自然選択でいくけれども、一挙にシステムが変わる不連続なところは、自然選択とは独立のプロセスでいきなり変わったと考えたほうがよい。特にＤＮＡを解釈する解釈系が変化すれば、不連続な変化を帰結すると思う。

言語学にたとえてみると、日本語にいくら外来語が入ってきても日本語全体の構造は変化しない。語彙が変わることはあっても、シンタクスや、動詞の活用語尾は簡単には揺るがない。これに対してシステムが変わるときは、外来語の摂取以上の特殊な変化を伴うわけです。

たとえば日本語と英語しか話せない人が出会い、無理にでも意思疎通をしなければならないような場合です。一昔前の植民地支配で現地人とヨーロッパ人が出会ったときに、両方混ざっためちゃくちゃな言語が成立した。言語学ではピジン語と言いますが、文法もいい加減なまま意思疎通をはかる。次の世代になるとピジンはクレオールというものに進化し、ヨーロッパ語でも現地語でもない特殊な言語ができる。二つのシステムが融合した新しいシステムが誕生するわけです。

生物学で言うと真核生物の起源というのはまさに同じようなプロセスをたどっているらしい。原始ミトコンドリアや原始葉緑体が真核生物のもとになる原核細胞のなかに入ってきた。最初は食べようとして摂取したのかもしれないが、消化しきれず共存した。ミトコンドリアは細胞内部のエネルギー産出機関の機能を果たすようになり、新しい高次のメカニズムになった。自然選択とまったく関係ないやり方でまったく新たなシステムが生まれたのです。いわゆる共生説です。

今の日本社会と同じように、安定しているときのシステムは徐々にしか変わらない。しかし戦争に負けて進駐軍が来たようなときには、既存のものとは違う試みをとにかくやるしかない。そういうことが進化史のなかで何度か起きたと考えています。大進化を解明するにはネオダーウィニズムの進化論は無効であって、たとえばクレオールのようなプロセスを考える必要がある。

人間の倫理的な問題や道徳における生物学的な基盤を考える場合でも、生物学的基盤のすべてが自然選択で生まれたわけではないことに注意する必要がある。人間の性向のある部分はＤＮＡの変化で生まれたのかもしれないが、それだけを強調することは危険である。

ゲーリングという研究者は、ヒトの眼とショウジョウバエの眼は両方とも同じ遺伝子がつくったという事実から面白い実験をしている。人間の眼をつくっているのはパックス６という遺伝子で、ショウジョウバエの眼はアイレス遺伝子。この二つはほぼ同じ塩基配列をしています。ゲーリングはマウスのパックス６遺伝子を取り出して、ショウジョウバエのなかに入れてどう発現するかを調べた。そうすると哺乳類では単眼をつくる遺伝子は、ショウジョウバエでは複眼を発現させた。

単眼をつくるか、複眼をつくるかは、遺伝子の違いではなく、あきらかに文脈の違いによっている。ほ乳類の細胞はパックス6遺伝子を単眼をつくる指令とみなし、ショウジョウバエでは複眼をつくる指令とみなしている。さらに眼らしいものをつくらない動物、たとえばサナダムシにもパックス6遺伝子はあるが、文脈がないため発現しないのであろう。

実は人間の眼とショウジョウバエの眼はまったく独立に生まれてきた。人間の系統は脊索を持つ原索動物で、ショウジョウバエなど昆虫は軟体動物や環形動物に近い。環形動物のミミズに眼らしい眼がなかったのが、昆虫になって非常に高度の複眼を発達させた。人間の眼とウサギの眼のように祖先を共有しているものを相同器官と言うけれど、由来の違うものは相似器官という言い方をしています。

相似器官であるにもかかわらず、発現させる遺伝子にほとんど違いがないのは不思議でしょう。遺伝子のランダムな変異で形ができたのではなく、元からあった遺伝子をある時点で道具として使ったと考えたほうが、はるかに合理的に説明できる。生物は必要になると、手近にある遺伝情報を適当に使う。サナダムシの場合、パックス6があるのに使う必要がないため、宝の持ち腐れのようにしまい込んでいるのかもしれない。

つまり遺伝子があれば必ず対応した形ができるのではなく、解釈システムの違いによって遺伝子は別様に解釈されるのです。一面では遺伝子が形態をつくるのは間違いないけど、遺伝子を解釈してうまく使いこなせる細胞がないと情報は生きてこない。問題なのは使いこなす細胞の能力が何によって決まっているのかということです。

細胞質の起こす変異型

いっとき獲得形質の遺伝ではないかと言われた、イギリスの生物学者ウォディントンによる遺伝的同化という実験があります。ショウジョウバエの翅には普通横脈が出るのだけれど、さなぎを四〇度くらいの温度にさらしておくと、本来出るべき横脈がなくなってしまう。人工的に横脈欠失が起きるわけです。ただしこれは一代きりで、遺伝しない。

実は四〇度の温度をかけなくとも、遺伝的に横脈欠失が出る系統がいる。ある遺伝子の異常から起きているため、この系統は世代を通じて横脈欠失の変異が起きる。それと同じことが、発生の途中にバイアスをかけることによって起きたわけです。普通はこれを表現型模写（フェノコピー）という言葉で表していますが、環境的なバイアスが遺伝子と同じ情報として機能しているわけです。

ウォディントンは次にフェノコピーをつくらせたものに卵を産ませて、さなぎのときに再び温度をかけた。そうやって表現型模写を起こした系統の継代培養を繰り返すうちに、七〜八世代目に温度をかけなくても横脈欠失になるものが出てきた。ウォディントンはこれを遺伝的同化（Genetic Assimilation）と呼んでいます。

遺伝的同化は本来の横脈欠失遺伝子が働くのではなくて、別の遺伝子が活性化されて、横脈欠失遺伝子として働くのだと言われています。ＤＮＡを活性化させるのは、細胞の能力に関わることです。遺伝子は変わっていないのだから、細胞の能力が変わったと言うしかない。このように表現型がＤＮＡに全部還元されると言えない事例は多くある。ネオダーウィニストはこういう事態をどう解釈するのか困っているようですけどね。

サリドマイドの副作用でアザラシ肢症と呼ばれる子どもが生まれてきたことがありました。本当なら手ができるところの発生プロセスをサリドマイドが攪乱し、ヒレみたいになってしまった。人間の上肢からアザラシの上肢に変わるのに、長い時間がかかるわけではないのです。

クジラが足をなくしたのも、おそらく発生のときにある経路がブロックされて、別の経路に行くことで変化するのでしょう。現在のクジラも足が生える遺伝子を持っている可能性は高い。持っているけど、発生経路のどこかでスイッチを入れ替えた。中間段階のない突然の変化は、そのように説明したほうがいい。

ぼくらのゲノムや細胞システムは、脊椎動物の歴史を背負っているからいろいろな可能性を秘めている。普通はその可能性のなかの一つだけ、限定的なものだけしか発現しないように固定されている。そこに薬や化学物質が働くと、いわゆる奇形というのができる。奇形というのは生きているのだから、細胞のなかで許容される変異の幅であることを意味している。だから私は奇形という言い方についても、異常という価値判断を下す前に単に稀少なだけと考えたほうがいいと思う。生物はどうも本来持っている可能性のうちのわずかしか試していないと思えるふしがある。

生物の隠れた可能性

柴谷篤弘さんは『構造主義生物学』（東京大学出版会）のなかで、オーストラリアのあるシジミチョウについて書いています。細い透明な筒のなかでシジミチョウを飛ばしてやる。野外ではこのシジミチョウは、ホバリングせずヒラヒラと飛んでいる。ところが周りを全部囲まれてしまったときに、シジミチョウは周囲にぶつからないようにホバリングした。これまでホバリングするかしないかは生得的に決まっていると思われていたのが、人為的な環境に入れることでそうでないことがわかってきた。たまたま自分がどんな環境にいるかによって、同じ遺伝子的背景を持っていてもホバリングするものとしないものに分かれる。生得的な可能性の幅は非常に大きいなかで、具現行動としてはわずかしか使っていないことがわかります。

そこまで考えると、ゲノムを全部調べても今の行動がわかるかどうかは疑問です。われわれの行動の幅は、思っているよりはるかに大きいのかもしれない。佐々木正人さんがアフォーダンスの研究をしていますが、何かあったときに人間はやり方をそのつど発見していく。一般的にはみんな同じようなところで同じような生活だから、同じようなアフォーダンスしか持っていない。とんでもない環境に放り込まれたときに、何が出てくるかは別なんです。環境の変化に突然変異で対応するだけでなく、遺伝的に組み込まれた可能性を具現させる方法もある。

佐々木さんはたとえば、手をなくした人がプールでどう泳ぐかについて次のように述べている。最初は手足をバタバタして泳いでいた時代の名残で、手足の筋肉を動かそうとしている。しかし当然それでは泳げないから、そのうちイルカと同じように体全体をうねらせて泳ぐ方法を体得する。

だから今の水泳選手は手や足をバタバタしてクロールなどをやっているけれど、あと五〇年もするとイルカ泳ぎをするようになるようになるかもしれない（笑）。イルカやアザラシのように丸々として手も足もない連中のほうがはるかに速く泳ぐでしょう。そういうドルフィン泳ぎで世界記録がバンバン塗り替えられる。今のはもちろん冗談だけど、人間の能力にしても他の生物の能力にしても、われわれが思っているよりも大きいのかもしれない。

遺伝的に倫理や道徳が拘束されているようなことを言ったりしますが、そのとき生物学的に拘束されている範囲をきちんと見定める必要があると思う。あまり生得性に密着しすぎて、狭く考えすぎるのはよくない。

ドーキンスのような遺伝子中心主義の議論が主流を占めていますが、DNAをいくらいじっても種が変わったことは一度もないことをどう説明するのでしょうか。遺伝子組み換え実験をいくらやっても、大腸菌は全部大腸菌、ショウジョウバエは全部ショウジョウバエ。遺伝子を切り貼りしているだけでは絶対にショウジョウバエを超えないということは、種の壁を超えるには何か遺伝子に従属していないものがあると考えたほうがいい。

人間にしても他の動物にしても、どうしてこんなに不便な制約があるのかと思うことが多くありますよね。キリンの首はなぜ伸びたなんてことをみんな言うけれども、誤解を解く必要を感じる。ほ乳類の首の長さは前足の長さと相関している。キリンは足が長いから、首も同じように長いわけです。それは構造的な問題であって、一生懸命首を伸ばそうとして伸びたなんていう話ではない。

かなり前に名古屋で自称、新今西錦司論を書いた人がいて、首が長いオスが交尾権を独占して遺伝子を伝えたなんて書いている。しかし、進化はそんなトリヴィアルな話では片づかないと思う。全体としてのシステムのなかで可能な形は限られ、あるところだけを長くしたり太くしたりはできない。自然選択でシステム内部での漸進的な変化はありえても、その枠を逃れたオリジナルな形は別の論理で生まれてくる。

われわれほ乳類の首の骨は、全部で七個と決まっている。人間でもクジラでもキリンでも、長さが変わるだけで構造は同じ。これに対しては虫類の場合、首の骨は多いのも少ないのもある。エラスモザウルスという首長竜の化石では三〇個以上の骨からできている。は虫類では首の骨を増やしたり減らしたりの自由度があるのに、ほ乳類の場合はできない。そこにも必然的な理由はなかったと思う。何かのきっかけで骨の数を変更できないようなシステムが生まれた。それゆえほ乳類が首を伸ばす方向に進化するときには、本数ではなく一個一個の長さで対応した。首が長いか短いかには自然選択がかかっても、骨の数は自然選択で決まったわけではないでしょう。

ネオダーウィニズムの破綻

最近はメイナード・スミスのようなネオダーウィニストの重鎮までもが真核生物の起源についての共生説に言及している。論理形式としてネオダーウィニズムが破綻したとは言わないまでも、明らかに違うパラダイムでしか言えないことを取り入れている。共生説を最初に唱えたのはリン・マーギュリスという人だけど、メイナード・スミスはこれを認めた上でネオダーウィニズムの補助仮説に使うわけです。

しかし種が枝分かれだけでなく融合で生まれたというマーギュリスの説は、ネオダーウィニズムのパラダイムを論駁するものです。しかし今のところネオダーウィニズムで行けば論文が量産できるという構図があるから、支配的パラダイムの座は揺るがない。『ネイチャー』なんてほとんどネオダーウィニズムの牙城です。クーンの言うような「科学革命」が起きるというのは、論理的破綻とは別の問題です。

進化論は実証可能な学問ではないから、アインシュタインが科学革命を起こしたみたいな形でガラッとひっくり返ったりはしない。個々の補助仮説や前提条件が反証されるとしても、何億年もかかる進化のプロセス全体は検証できない。生物が進化するという一番基本的な考えですら、実証されているわけではないでしょう。もちろん進化論に異を唱えたいのではなく、物理法則や化学法則と同じレベルで進化を解くのは難しいと言いたいわけ。私が言う「恣意性」という概念が、進化を説明する上でもっと重要な位置を占めてくるのではないでしょうか。ネオダーウィニズムの基本原理は、ランダムな突然変異が起きて、自然選択を介して形が変わる、というものです。単純に物理化学法則に還元しているというよりも、むしろ遺伝子という記号にすべてを帰着させている。しかし適応的とも非適応的とも言えないパターンがどうして無数に存在するのか。ある構造がつくられたことに必然的な根拠がないという恣意性を持ち出さない限り、多様な現実を説明できないと思うのです。

たとえば三つ組みの遺伝子とアミノ酸の対応関係や、なぜ四つ組みではなく三つ組みなのかは、物理化学的な法則では解けない。分子生物学を突き詰めていくと、シニフィアンとシニフィエの相関関係の恣意性を言う記号論と同じ問題に突き当たる。よくインシュリンはブドウ糖をグリコーゲンに変えるという言い方をしますが、厳密に言えばインシュリンという物質にブドウ糖を変える機能があるわけではない。インシュリンを記号として解釈できない人の体のなかでは、インシュリンをいくら注射しても糖尿病になってしまう。逆にインシュリン以外にその人のレセプターに合う物質を与えることができれば、インシュリン以外の物質を使って糖尿病を治す可能性が生じると思っています。インシュリンと糖尿病に一対一の対応があるのではなく、システム全体が対応すると考えたほうがいい。

免疫システムが一番典型的ですが、何がレセプターで何が反応物質かの対応には恣意的としか言えないものがかなりある。タンパク配列でできたレセプターがほんの少し変わるだけで、役に立たなくなります。それで進化的には細胞が用いる物質とレセプターは一緒に変わる。こちらが原因でこちらが結果ということではなしに、あいだに介在するシステム全体を通して対応関係が成り立つ。今はDNAと形質の対応しか見えていませんが、将来もう少しシステムがわかれば、DNA以外にも形質を生み出す経路を変えることによって、形質を大きく変えることができる日が来るかもしれない。そうするとDNA還元主義というのは完全に吹っ飛んでしまいます。

いずれにせよ、破綻したネオダーウィニズムに固執するだけでは、進化の現実は見えてこないでしょう。

8　生き返るクマムシ――「配置」と「生命」

生命と時間――生き物の「ルール」

私はずっと構造主義生物学というのをやっていて、最初に本を書いたのが八八年です〔『構造主義生物学とは何か』（海鳴社）〕。それ以降、あまり原理的な展開はなかったのですが、そのあいだ、私の関心に関連する仕事が出てきた。郡司ペギオ－幸夫さんの非常に複雑な形式化、河本英夫さんのオートポイエーシス、あるいは松野孝一郎さんの内部観測などがそれで、さまざまな発展がなされてきたわけですが、それらはすべて生命の形式を何とかして探ろうとする複数の試みだった。私は基本的には、科学はどうしてもある程度時間を抜いた形式で記述するしかないと思っていたので、河本さんから言わせると構造主義生物学はいわゆる「第一世代」という、システム論としてはわりと古いタイプの構想だということになるわけですが。

私としてはあまり新しいことに固執するつもりはなくて、何であれ生物をうまく記述できればいいと思っていた。いずれにしても生命現象を完璧に記述するなどということはできないというのが私の考えです。局面局面を適当にうまく取り出して記述できればいい。

構造主義生物学は、単純に言えば、生物のなかに生命システムのルールみたいなものを見出して、ある局面をそのルールでうまく記述できればいいという考え方で、ルールがうまく記述できなくなったらそれはルールが変わったのだから新しく別のルールを記述すればよく、またルールの変わり方は恣意的であるというのが基本です。ただ一番の問題は、ルールの枠内でうまくいっているときはいいけれどルールが変わるときはどうするのかということです。このルール変更時の、あるいはルールが変更されたように見えることの形式化というのは、たとえば郡司さんが一番熱心にやっている問題ですが、非常に難しい。構造主義生物学では、面倒臭いからそこのところは恣意的だと言ってしまって、あまり考えないようにしていたのですが、そこを郡司さんからは、構造主義生物学は「恣意的、後は必然」という話になっているが、必然さのなかに恣意的に変わりゆく契機があるのではないか、と批判されたわけです。

最近、いろいろと時間について考えているんです。時間は何故、非対称なのか。決定論、あるいは必然性からは時間は出てこない。単純に言うと、現在があり、過去（t－Δt）と未来（t＋Δt）が現在から見て一意に決定されているならばそれは対称的だということですから、非対称性は出てこない。それだと何故時間が前にしか進まないか、つまり一方向にしか開いていないかが説明できない。われわれが生物を見たときに、生物がかくかくしかじかのルールに従っていると見えたとしても、そのルールが未来を厳密に決定しているようなものだとすると、時間が動かないことになってしまう。またそういう時間は、生物の時間ではない。そしてこういう、生物とその生命システムのルールの記述をめぐる事態は、実は生命だけに見られることではなく、物質過程そのものについても同じことが言えます。それは松野さんが主張されていることとも通じるわけですが、物質は動きながら自分自身を変えている。極端なことを言えば、物質をどんどん小さくしていって不変の最小単位みたいなものを構想すると、それは確かに常に不変と言えるが、それ自体は物質と言えるかどうかよくわからない。要するに延長だけあって不変のものというのは、確かに変わらないけれども、それ自体としては性質も何もないわけだから物質と言えるかどうかよくわからない。性質があるということは関係性があるということである。またライプニッツのモナドのように内的法則のみを有するものは単純実体とは言えても、延長がなければ他と関係しようがないので、これも物質とは言えない。そうすると内、外ともに関係性を担っている最小単位が物質の最小単位だと考えざるをえない。関係性を持ったものしか「物質」と見なされないとするならば、動きながら物質そのものが変わるという松野さんの言い分は非常に正当なものだということになります。

そのときに何が変わっていくかというと、何かわからないけれども関係性のルールらしきものがあるとすればそれが変わるわけです。そのルールらしきものとその変化というのは、もちろん、時間を抜いたかたちであればその限りで厳密に記述できるわけですが、そこで記述されたルールは非対称の時間は生み出さないようなもののはずで、つまり時間を孕むルールは記述できない。時間を孕むルールの形式化は非常に難しい問題で、たとえば郡司さんがやっている形式化にしても、数式をつくるときに何らかの時間を数式のなかにうまいこと潜り込ませているんじゃないかと思っているんです。郡司さんは怒るかもしれないけど、別にこれは悪口ではないのです。時間を生み出すということを形式化するというのは矛盾しているわけですから。郡司さんはよくクリプキの言う「プラス・クワス」のパラドクスを例に出しますよね。たとえば57以上の数字を入れるときにはその可算式はすべてイコール5になってしまい、それ以下の数の場合は普通の可算式のルール「プラス」と同様の可算を行うようなルール「クワス」があった場合に、25＋30＝55という計算はプラスに従っているのかクワスに従っているのかわからないというのだけれど、郡司さんもよくわかっていると思うんですが、そういう問題の立て方自体が実はあまり本質的ではない。

われわれは普通、生物はあるルールに従っていると思っているけれど、実は従っているふりをしているだけなんじゃないか。最近、私はむしろ、そんなふうに考えています。逆に言えば、「ふり」のルールを記述できれば、それでよいのではないか。本当は、生物はプラスに従っているわけでもクワスに従っているわけでもない。あるときにはたとえばプラスに従ったようなふりをして動いているだけなんですよ。それでたとえば57になったときに答えが5になったとしたら、クワスに従っているとわれわれが事後的に記述するだけで、生物はそんなこととは関係なく動いているわけです。別の言い方をすると、生物はここでもクワスというルールに従ったふりをして、ときに別のルールをつくるわけです。あるいは、生物は実はどんなルールにも従っておらず、事後的に見たときにだけルールに従っているように見えると言えばもっと正確です。そして、そういうことをやっている生物の基本は物質にあって、実は物質がもうちょっと長いスパンで同じことをやっているんじゃないか。生命のほうが個体の寿命もあってそのへんを短くやっているので、生物が非線形性の典型であるかのように見えるけれども、実は線形なものなんてなくて、物質自体もルールに従っているふりをしているだけなんじゃないかと思っているんです。

「配置」と「生命」——不死身のクマムシ

そうなると、ではルール（らしきもの）というのは一体どこから与えられたものかというすごく大きな問題になってくる。構造主義生物学を最初に構想したときには、とにかくある空間のなかに何か知らないけど適当なルールができて、そうするとその空間のなかのさまざまな物質はそのルールに従って動いていき、しばらくしてルールが突然変わってしまえばその別のルールに従って動くということを考えていたという話を先ほどしました。そのときにも、ルールを決めたのは最初の特別な初期条件の何らかの物質と物質の配置ではないかとは思っていたものの、あまり意識していなかったのは、配置自体が常にルールを変えうるということです。ルールが配置を変えている限りは配置がどんなに変わっても配置はルールのなかの配置であるわけで、それは穏当な議論なんですが、配置自体がルールを変えるという構想は普通の生物学、科学のやり方を破綻させるのではないかと思っていたんです。ところが松野さんや郡司さんの話を聞いていると、配置自体がルールを変え、ルールが配置を変え、また配置がルールを変えるというかたちで、配置——われわれの言葉では「布置（コンフィギュレーション）」と言いますが――とルールが循環しているのが生物の日常だということがわかってきた。一方、オートポイエーシスでは、生物というのは止まらないこと、「作動」がすごく大事なことだとされている。ハイパーサイクルなどが最も典型的なんでしょうけれども、作動しながら境界を生み出していって自分で自分をつくっていく。逆に作動しなければそれはただの物質の固まりにすぎないということが、たとえば河本さんの『オートポイエーシス』（青土社）には書いてあります。

ところがつい最近、クマムシという変な動物の面白い話を知ったんです。これは節足動物に近いクマムシ門の動物です。日本にも結構いて、学生のときにやった土壌動物の抽出実験でも、あまり多くはないんだけれども、結構入ってくる。基本的には顕微鏡下で見る動物ですが、肉眼でも大きいやつは見えます。さすがに形はよくわかりませんが、いることはわかる。ぷくぷくして脚が八本くらいはえている変な動物で、多細胞生物ですから細胞の数はかなりあると思います。このクマムシは昔から不死身だと言われていたんですが、クマムシをゆっくり乾燥させていくと徐々に水が抜けていって乾涸びていくんです。その様子を頭微鏡で見た人によると、アコーディオンの蛇腹みたいに体が折り畳まれていく。そしてそういうふうに折り畳まれたクマムシに水を一滴垂らしてやると元に戻るということは昔から知られていたんですが、ただそれは、もちろん、休眠だろうと言われていたのです。そして休眠であれば、基礎的な代謝だけは保たれていると思われていた。実際、酸素をちょっと入れて測ると、酸素がなくなることがわかっていたので、多分それは基礎的な代謝に使われているんだろうと、みんな、最初のうちは思っていたんです。

それが最近はどうもまったく違う話になってきています。というのは、実は、真空状態のなかに入れておくのと酸素のなかに入れておくのとどちらが蘇生率が高いかというと、圧倒的に真空状態に入れておくほうが高いんです。じゃあ何故酸素が減ったかというと、酸化に使われたからです。酸化してしまえばタンパク質とかが壊れてしまうから、当然、蘇生率が悪くなる。つまり酸素は代謝ではなく、酸化に使われていただけのことで、酸素は最も強力なフリーラジカルですから、当然、ダメージにこそなれプラスになっていたわけではない。それでいろいろ調べてみると、乾燥したクマムシは普通、三パーセントぐらいまで水が抜けるんだけれども、一番カチカチに乾燥したクマムシは水が〇・〇五パーセントくらいになっちゃうんです。〇・〇五パーセントの水しかなければ、どう考えたって生きているわけがない。それで調べてみたらやはり代謝はまったくしていない。ただの物質の固まりで、生きていない。

こういう状態でどのくらい保存されるかというと、一番長いので一二〇年間です。何故一二〇年とわかったかというと、苔か何かの乾燥標本が一二〇年前に博物館でつくられて、それを見ていたらそこにクマムシがくっついていたらしいんです。だとしたらそいつは一二〇年前に乾燥したに違いない。それでそのクマムシをとってきて水を一滴落としたら動き出した。だから一二〇年間は大丈夫だと（笑）。一二〇年は大袈裟で、最近は本当は一〇年ぐらいだと言われていますが、それにしてもすごい。もっとすごいのは、じゃあど

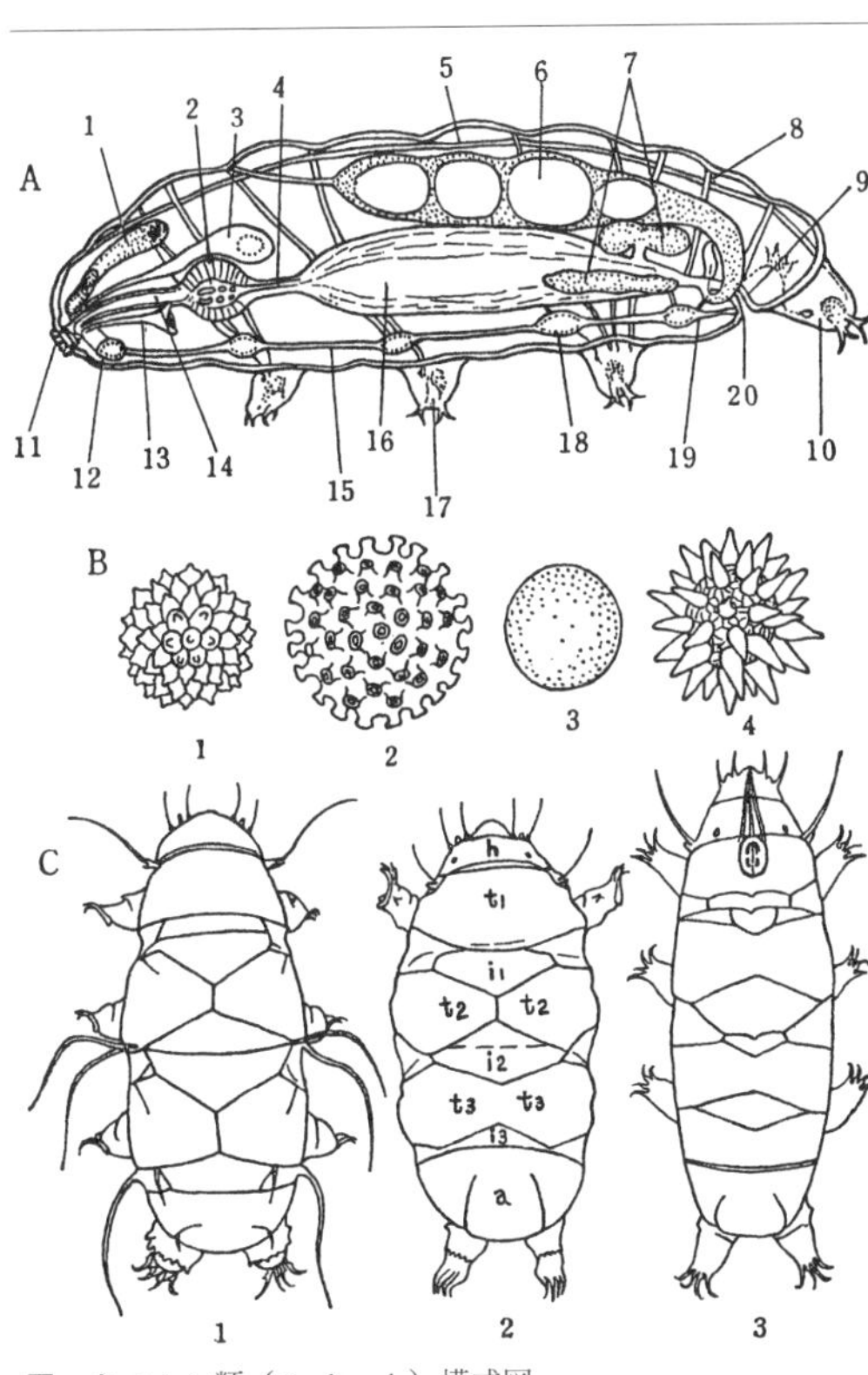

図　クマムシ類（Tardigrada）模式図
内田亨『動物系統分類の基礎』（北隆館、1965年）から引用

ういう条件だったら死ぬのかを調べた人がいるんです。もともと死んでいるようなものなんだけど……。乾燥条件下で一二〇度ぐらいかけても大丈夫で、そういうふうになったやつを今度は液体チッソのなかにいきなり入れてマイナス二〇〇度くらいにしても平気。だから全然死なない。不死身なんです。

そういう休眠状態——専門家は「隠蔽生活」とか言ってますけれど——になったクマムシをもっと調べてみると、水が抜けると、そのかわりにトレハロースという糖をつくって、それを媒質にして、そこのところに高分子を貼りつけていくらしいんです。それで高分子と高分子の位置関係がまったく変わらない。それから高分子の形そのものも壊れない。だからタンパク質もDNAも壊れず、相互の位置関係もまったく変わらないまま、ただ縮退していく、つまり蛇腹みたいに縮んでいく。トレハロースというのは、最近林原が「不死身の物質」とか言って研究していますが、糖だから、水を加えると、クマムシは今度は水でそれを解かして栄養にして生きるわけです。そういう非常に巧妙なことをやっているということがわかってきた。

それでよく調べてみると、どうもそういうことをやっているのはクマムシだけじゃない。クマムシは昔からよく知られていたけれども、他にもある種のセンチュウとか節足動物などで、あまりでかいやつは駄目だけれども、かなり小さいやつ、半顕微鏡下的な生物では、そういうことをやっているやつが結構たくさんいるということがわかってきて、これは実は悪条件に耐えてとりあえず隠蔽生活をしつつ次によい条件が来るまで死んだふりをしているという、生物のかなり一般的な方法なんじゃないかということになってきた。

何が重要な問題かというと、要するに動いていないということです。完全に止まってしまっている。では、動かないからルールが消失したのかというと、そうではない。配置そのものが残っていて、水を垂らせば元のように動くわけですから。極端なことを言えば、人間がクマムシの体にはどんな高分子がどんなふうに配置されているかを調べたとします。高分子はつくれますから、実際のクマムシのタンパク質やＤＮＡを調べた通りの位置に従って、まったく同じようにトレハロースの上にちびちびと貼りつけてやれば、人工的にクマムシがつくれるということになります。それは単純に言うと生物がつくれるということを意味しているわけです。もっと言えば、そういうトレハロースの上にいろいろなものを並べてやれば、今までにない生物がつくれる可能性だってないわけじゃない。適当にＤＮＡやタンパク質などの高分子を並べてみたらクマムシじゃなくてシロクマムシができたとか（笑）。

なぜ乾燥している条件がよいのかというと、動かないからです。昔、今クマムシについて考えているのと同じようなことを考えたことがあるんですよ。今の生物とまったく同じ配置をいきなりバンと共時的に与えることができたらと……。でもそれは技術的にも理論的にもできないと思っていたんです。何故理論的にできないと思ったかというと、物質というのはたとえば二つとか三つとかを並べると、お互いにコミュニケーションをして勝手に動いてしまうからです。「止まっていろ」と言っても、言うこと聞かないわけです、普通は。たとえば水のなかに高分子を入れたら必ず動いてしまってお互いにくっついたり反応したりするから、数千くらいの高分子にしても適切な場所に一度に置くことができない。ところがトレハロースを媒介にして止めることができるなら、トレハロースのなかにタンパク質を一個一個埋めていくことができる。水がないから相互作用しないし、わりに長い時間をかけてゆっくり作業できる。乾燥しているところでまずつくって、水を加えれば水を媒質として動く生命をつくれる可能性がある。トレハロースを媒質にしてその上に高分子をはめていくというのが生命のつくり方として面白い所以はそこにあるんです。もちろん、クマムシのような生物ですら、多細胞生物で、高分子の数がおそらく兆のオーダーをはるかに超えることになるでしょうから、実際には技術的に無理でしょうが。ただ、理論的には可能なわけです。

生きていることがずっと継続しているのが生命で、それはわれわれの細胞を見ればすべてそうです。生きている状態がその生きたまま細胞分裂して、生きていること自体が遺伝されるわけです。その意味では遺伝されるのは「もの」じゃなくて「こと」です。そしてそれは構造主義生物学でもそう考えていたのですが、クマムシの例をとことん突き詰めていくと、生命における「こと」というのは「高分子の配置」である、ということにならざるをえない。つまり、配置がルールを生み出すんです。配置がルールを生み出しながら、次の配置をつくっていく。次の配置がルールのなかにあるように見える限りは、事後的に見たときには生物はルールに従って物質の配置を変えているように見える。けれども配置がルールをつくると考えれば、ルールによって配置が変われば、変わった配置がまったく別のルールをつくっても構わないわけでしょう。配置が先、ルールは後。ルールが配置を変え、変わった配置は元のルールに従う必然性なんかないわけだから、新しいルールをつくり出す。生物はルールに従いつつルールを変えているというのは、そういうことだと思います。

そういうことから、生物を理解するには物質の配置を考えることが非常に重要だと、最近思っているわけです。作動が重要というよりも、配置そのものが作動を事後的に引き起こし、その作動によって配置が変われば、その配置が事後的に見て前と同じルールに従っていることもあれば従わないこともあるという、ただそれだけの話です。ただ、配置があまりにも変ちくりんなことになって、われわれが見たときに、ある安定的な、いわゆるオートポイエーシス的な作動を生み出さなくなったときに生物は死んでしまう。生物が外からバイアスがかかって、そのために配置が乱れて死ぬことはもちろんあって、これは事故によって死ぬということですが、そうではなくて、自分でルールを生み出しつつ、配置が変わったことによって、その配置がまともなルールを生み出すことができなくて死んでしまうということは結構ある。単純な例では、アポトーシスのようなことがその一例だと考えても構わない。あれは遺伝子が殺すんだと言われていますが、しかしあるところまでいったときに、もはや生物としての配置を保てなくなって死ぬわけですから。

どういう配置だったらどういうルールを生み出し、どういう配置だったらルールを生み出さないかというのは極度に大変な問題です。たとえばニュートン力学的な空間だと、一番最初にある位置が決まればすべてが決まってしまう、つまり配置はあらかじめ決まっているわけで、そのときには配置が次の配置を生み出すということまでは言えるものの、ルールそのものを生み出しているとは考えていない。ルールは常に同じわけです。しかし配置がルールを生み出し、そのルールに従って次の配置が決まるということになると、これは結構面白い話です。人間社会に当てはめてみると、教授会の座り方の順番とかいうのは結構重要だと最近思っているんですよ。たとえばある人を教授にするかどうか採決するときに、それを議論する教授たちが何十人かいるとして、それがどういう座り方をしているかによって採決の結果が変わってくるんじゃないかと思うんです。たとえばたまたま自分の隣に座っているやつが知らないやつだったりすると、「こいつ全然駄目なんだよな。こいつの論文を見たけれど、こんなやつ教授にしちゃまずいよ」とかちょっと言おうと思っても言えないでしょう。でも隣に親しいやつがいれば、ちょこちょことそういう話ができる。そうすると、それがまた親しいやつが隣にいればそいつと話をして、なんだそうなのかということになって、みんな反対して否決されたりするということもある。

ルールを与えれば個々の構成要素は最も合理的な判断をしてルールに従うとか、最近の経済ビッグバンについてもルールを変えればルールのなかで最も合理的な判断をするからそれでうまくいくんだという議論があるけれども、そういう原子論的還元主義的な考え方はおかしい。物質というのは別に自分自身で判断をしているわけではないけれども、物質は常に与えられたルールに従うという意味で今までの物質科学というのはいわばそれと同様の原子論的な構想の上に成り立っていたわけです。しかし、物質ですら先に述べたように、厳密にはルールに従っているわけではない。まして人間というのはそれ自体巨大なシステムだから、ルールが変わったからといって、すぐにそのルールのなかで一番合理的な判断をするなどということは絶対ありえない。今までのルールを刷り込まれたやつは今までのルールに従った行動パターンをとるから、新しいルールと必ず齟齬をきたしてむしろでたらめになる可能性のほうが高い。だから社会がパニックにならないためには、あまり無茶苦茶な構造改革をしてはいけない。どういうふうにやるかが極めて重要なんです。いくつかの課題があるとして、最終的には全部をやるんだからどれを先にやっても同じかというと実はそうではない。そこをうまく考えるのが政治家の手腕でしょう。生物も経済も非線形の複雑系だと言っているけれども、その内実を見ると配置とか順番が次のルールを決めていくという恐ろしいところがあって、そこをよく考えないとシステムはクラッシュを起こすかもしれない。もっとも、リバタリアンとしての私は、それでもなおかつ、一気に完全自由社会を実現させてパニックの行方を見たいという思いはありますが。

クマムシを見ながら、そんなことを考えたんですけどね。

システム進化のドライビング・フォースはどこにあるか

少し前から、養老孟司さんがシンポジウム（養老シンポ）を主催されていますが、いずれ、このシンポジウムで生物の系統と形態がどう絡んでいるかという議論をしようと思っているんです。ダーウィンの『種の起原』には図が一つしかありません。生物が分岐してどんどん多様化していく図で、西洋の進化論はずっとそれでやってきた。要するに生物のシステムというのは、原因は問わないとしても、とにかくどんどん多様化するというイメージだったんです。「門」は一番最後にまとまってできたもので、一番最初に「種」分岐があり、種がどんどん分岐しているうちに形態や性質の差が大きくなることによってたとえばもう少し上の高次分類群が分離し、さらに差が大きくなることによってさらにもう少し大きな高次分類群ができる。つまり種分岐が一番プライマリーなもので、その後、「属」や「科」ができ、「門」は一番最後に事後的に見て与えられる。それがダーウィンの構想です。

ところがオサムシの系統解析をして出てきた結果というのは、どうも生物というのはいきなり多様化してその後は先細りになる、ということなんです。スティーヴン・グールドもカンブリア紀の大爆発について同じことを言っていますが、いきなり多様化して九割くらいが絶滅する。多様化して先細りし、また多様化して先細りするというシステムで、このオサムシの解析やカンブリア紀の大爆発を見る限り、ダーウィン流の考えはすべてひっくり返ってしまう。一番最初に「門」ができ、次にたとえば「綱」ができ、「目」ができ、「科」ができるという経過、つまりいきなり大分類群ができ、その後それが先細りになっていくという経過をシステム論的にどう考えるのか。

生物のシステムと言ったときに、システムというのはルールを自分自身で変えながら継続すると言うんだけれども、なかなか変えることができないときが多くて、そのときはシステムはどんどん拘束性を強めて自らの可能性を限定していっちゃうんじゃないかという感じがするんです。最初は非常に緩いシステムができますが、そのなかにいくつかの他に比べて相対的に安定な布置があれば、しばらくすれば、大部分はこれらの布置に落ち着いてくると考えられます。言ってみれば、いくつかの穴のあいた板の上でパチンコの玉をガラガラ動かすみたいなものです。個々の穴の底にもまたいくつか穴があいていればまたガラガラやって、さらに狭い穴に落ちる、というかたちなんじゃないかと思うんです。まず「門」ができて、そのなかでたとえば「綱」が定立してしまうと、定立した「綱」というのはそのシステムを守る限りさらに狭いところに落ちていき、そうなると絶滅してしまうところもある。非常に大きな分類群の多様性のことをグールドは「異質性」と言いますが、大分類群が消えれば異質性が減ってくる。そのようにして異質性は減ってくるんだけれども、それだけだったら進化した後はどんどん異質性が減って最後は先細りになってしまうわけですが、ところが何かの加減でまた新しいシステムがどこかにできると、そこがまた大分類群の起源になってまた同じことを繰り返すという経過を経ているのではないか。昔エルドリッジとグールドが言った「断続平衡説」は種レベルでの話ですが、大分類群のレベルでもそういうことが起こるのではないかと最近は思っています。

今も言いましたように、システム自体が新しいシステムを模索しつつ動くということは確かなんだけれども、普通はそれをやらないわけです。たとえば人間の「卵」というのは、突如別様のシステムに変貌するということはなく、まず間違いなく人間になるし、あるいはシステムに激しいバイアスがかかったときには生物は大体死ぬわけです。それにもかかわらずシステムが変化するということをどう考えるのか。一つは、オートポイエーシスはまさにそれだけれども、外部からのバイアスがなくても内在的に自分を変えるということをどこかでやるという考え方です。それは一つの可能性としてある。もう一つは、システムの布置が外部のバイアスによって変わってしまうという考え方です。変わってしまったときには大抵死ぬんだけれども、何らかの偶然でまったく新しいシステム、あるいはルールを生み出す布置ができるかもしれない。それは非常に稀な例外だけれども、そのときにはそれが新しいシステムの元になる。そういうことは、でも長い生物の歴史のなかではかなりあるんじゃないかと思います。真核生物の起源はその典型例だと思います。

そういうことを考えると、生物はオートポイエティックに変わっていくということと同時に、やはりバイアスによって布置が変わって新しいシステムが生み出されるということもある。どちらかというと進化にとっては後者のほうが重要かもしれない。生物は自分自身でルールを変え、分岐したりしながら、結局システム自体が拘束性を強めて袋小路みたいなところに自分を追い込んでいくような経過を普通はとっているのではないか。そして袋小路になったやつは元に戻らないと言うんだけど、そんなことを言ったら新しい生物が出てこないわけで、では元に戻るメカニズムをどう構想できるかということになると、それはやはり外からのバイアスのほうがむしろ大きいんじゃないかということです。オートポイエティックに新しいことがいきなり起こるということももちろん否定はされないけれども、脊椎動物になったやつは脊椎動物以外にはまずならないし、狭い分類群になっていくほど可能性が狭まってしまってにっちもさっちもいかなくなっていく。内部観測やオートポイエーシスは自分で自分を変えていくということを強調した構想だと思いますが、それらの論者を含め、システム論から生命にアプローチしようとしている人たちがこういった問題をどう考えるのかということに私は興味を持っています。外部からのバイアスというのは非常に重要な契機です。社会のシステムと生物のシステムは違うけれども、少しはアナロジー的に関連があると考えれば、大体、外から何らかの圧力がかからないとどんどん硬直化して狭いところに落ちていくところがあるでしょう。それは社会システムと生命システムの双方に共通したことだと思うんですが……。

9　美しい理論と現象整合性

美しさを感じる人間の脳の構造

つい最近、『群像』の「五〇人が考える『美しい日本語』」という特集にエッセイを書かされた〔二〇一七年一月号〕。文章は他人に何かを伝えるためのものだから、他人が読んでわからなければどうしようもないが、わかりやすい文章ほど美しい文章かというと、多くの人は首肯しかねる思いがするだろう。かといって、美しい文章とは何かと聞かれて、万人を納得させられるような答えはないと思う。何を美しいと思うかは、経験や知識量や理解力によって異なるからだ。それでも、論理の筋が通っていて、リズミカルな文章は、多くの人に美しいと感じられるだろう。それは文章を美しいと感ずる、人間の脳の構造の共通性に由来するのだと思う。

科学理論の美しさにもまた、絶対的な基準はないが、多くの人にとって美しいと思われる理論はある。理論の美しさもヒトの脳が考えるものであり、理論の美しさを感じる脳の構造も基本的に同じなので、同じようなタイプの理論を美しいと感じるのだろう。一般的にはなるべく少ない原理でなるべく多くの現象を説明できる理論である。一方で、科学理論は自然現象を説明するためのものでもある。自然現象がヒトの脳の論理構成と同型になっている保証はないので、多くの人が美しいと思う理論が現象整合的でないことはよくあることだ。また、理論は何らかの同一性で、変わりゆく現象を説明しようというものであるが、変なる現象が不変の同一性で説明可能だという保証もない。

進化の理論の美しさとその問題点

ここでは、生物学、特に進化の理論を題材に、理論の美しさとそれが孕む問題点を論じてみたい。進化は、生物の形質（形態や行動など）が世代を継続して変化していくことであり、その原因を説明する理論が進化論である、というのが現在一般的に広く受け容れられている見解であろう。しかし、事の最初からそうであったわけではない。人類は長いあいだ、進化という現象を観察できなかった。人々が知っていたのは、世界にはたくさんの動植物がいるという事実だった。なぜ世界には、これほど多数の生物種が存在するのか。神がすべての生物をそのように造ったからだ、というのがキリスト教の答えである。

これは実にシンプルな説明である。ヒトの脳にはこういったシンプルな説明を美しいと感じるクセがあるらしい。いまだに多くの人々が、神による生物種の創造という説明を受け容れていることからもそれがわかる。もちろんこの説明は反証不能であり、反証可能性を科学理論の要件とする立場からは、単なるナンセンスにすぎない。それとは別に創造説には困ったことがあった。一八世紀から一九世紀のはじめにかけて、化石がたくさん発見され、大昔には現在とは異なる動物が棲んでいたことがわかってきたからだ。

そこで、苦し紛れに考え出されたのが、天変地異説である。パリの自然史博物館の比較解剖学者キュヴィエは、たくさんの化石を研究して、大昔には奇妙奇天烈な動物が闊歩していたことを知っていたが、これらの動物たちを現在の動物たちの祖先であるとは考えずに、天変地異が起こって絶滅した動物たちであると看做したのだ。その後で、神がまた新たに生物たちを創造したと考えたのだ。この説は、創造説に矛盾せずに化石の存在を説明するものだったが、あまり流行らなかった。神による創造が何度も起こるのは、多くの人々の脳にフィットせず、美しい理論と思われなかったからだ。

キュヴィエの同時代人ラマルクは、進化という現象の存在をはじめて主張した人であった。生物の多様性を説明するためには、生物は世代を経るごとに変化する、と考えるのが一番合理的だ。ラマルクはそう考えたのだ。ラマルクの主たる理論は単純で、下等な生物は常に自然発生していること、自然発生した生物は目に見えない力によって直線的に高等になっていくこと、の二つである。これによって、生物の多様性を説明したのだ。これは力強く美しい理論と言ってよい。問題は現象整合的でなかったことだ。すべての現存する生物を、最も高等なものから、最も下等なものまで、順序よく並べることができたなら、ラマルクの理論は今も進化論の第一級の理論であり続けたであろうが、世界にはどちらが高等でどちらが下等かわからない生物が満ち溢れている。

そこでラマルクは、これを説明するために、用不用の説と獲得形質の遺伝を考えたのだ。生物はよく使う器官を発達させ、使わない器官は退化する。棲んでいる環境によって生物の形態が異なることを、この二つの説で説明しようとしたのである。発達した器官や退化した器官が次の世代に遺伝しなければ、進化は起こらないので、この二つの説は切り離せないのだ。いわば、この説はラマルクのメインの進化論の補助仮説なのだ。それにより、理論は多少現象整合的になったものの、美しさからは程遠くなった。ラマルクの説は、生物の自然発生が否定されて完全に崩壊するが、アド・ホックな仮説が付いた理論は、いずれにしても、多くの人に受け容れてもらうのは難しい。

ラマルクの後の進化論者としてもっとも有名なのはダーウィンだが、その前にメンデルの遺伝理論に言及しておこう。メンデルはエンドウを材料に遺伝の実験を重ねて、形質を発現させる原因は、交配しても変わらずに子孫に伝えられる、何らかの同一性だと考え、これをエレメントと名付けた。たとえば、純系の背の高いエンドウと、純系の背の低いエンドウを、掛け合わせてできた雑種第一代目のエンドウは、例外なく背が高くなる。次にこの雑種第一代目のエンドウを掛け合わせてつくった、雑種第二代目では、背の高いエンドウと背の低いエンドウが三対一の割合で出現する。

背の高いエンドウを発現させるエレメントをA、背の低いエンドウを発現させるエレメントをaと考えると、純系の背の高いエンドウにはAのみが含まれ、純系の背の低いエンドウにはaのみが含まれる。雑種第一代のエンドウにはAとaが含まれるが、aはAによって抑圧されていて発現できないが、消えてしまったわけではなく、不変の同一性として存在しているのである。それが証拠に雑種第二代ではA（AA）、Aa、a（aa）の組み合わせが一対二対一の割合で出現し、最後の組み合わせは背の低いエンドウになるので、結果的に背の高いエンドウと背の低いエンドウが三対一で生じるのである。

これは形質とその遺伝という現象を、不変の同一性であるエレメントで説明した、極めてシンプルで美しい理論である。さらに現象整合的でもある。ところが、研究が進んで、エレメントは遺伝子と呼ばれるようになり、その本体はＤＮＡという物質であることがわかってくると話はややこしくなってくる。メンデルのエレメントは内実を持たない同一性であり、エレメントが形質をどのように発現させるのかという問いはそもそも成立しなかった。

ところが、遺伝子はＤＮＡという具体物であり、たんぱく質のつくり方を情報として持っている物質であるということになると話は複雑になる。遺伝子はたんぱく質をつくる。そこまではよい。それがどのようなプロセスで、背が高い（あるいは背が低い）という形質を導くのか。背の高いエンドウとそれを導くとされるＤＮＡは共に具体物であるが、その存在論的身分はまったく異なる。それがいかなる論理で結びつくのか。遺伝子がたんぱく質をつくるという話は理解できる。共に物質だからだ。しかし、遺伝子が具体的にどのようなプロセスによって形質をつくるかを、説明できる人はいない。よし、生物学が進展して説明が可能になっても、その説明は極めて複雑で、とても美しいと言えるものではないと思う。学問が進むと美しい理論は破綻するのだろうか。

次はダーウィンの進化論である。ダーウィン進化論の論理構成は次のようなものだ。（１）生物には変異があり、変異のいくつかは遺伝する。（２）生物は親に育つ数に比べ、はるかに多くの子をつくる。（３）環境に適した変異を持つ個体は、そうでない個体に比べ、生き残る確率が高い（これが自然選択である）。（４）その結果、環境に適した変異は、世代を重ねるごとに集団中での比率を徐々に高めるに違いない。ダーウィンは変異の原因については明示的な言明を避けているが、変異の存在とそれが遺伝することを、自明の前提にして認めてしまえば、ダーウィンの進化論は、実にシンプルでわかりやすいものとなる。

何よりも、産業革命以降の技術の進歩に整合的な説であった。科学技術の進歩は日進月歩であり、次々に新しい技術や道具が発明される。便利で安価なものは生き残り、不便で高価なものを駆逐していく。これは、環境に適応的な変異は選択されて生き残り、そうでないものは淘汰されるというダーウィンの自然選択説に極めて相性がいい。人々は、進化を自分たちの生活の変化（進歩）とパラレルなものと看做して理解したのであろう。今でも、多くの人はそう思っているに違いない。「どんどん進化するＩＴ機器」といった言い回しが、日常的に使われることからもそれがわかる。

科学理論としてのダーウィン進化論は、その後、メンデルの遺伝学を取り込んで、変異の原因は遺伝子の突然変異にあるということになった。まず遺伝子に突然変異が起こり、それによって発現される形質が適応的ならば生き残り、非適応的ならば、淘汰されるというわけだ。この理論がいわゆるネオダーウィニズムである。この理論もまた、遺伝子と形質の対応の内実を問わなければ、実にシンプルで美しい理論である。実際に遺伝子の突然変異により、形質が変わることがあるのは事実である。

しかし、遺伝子がどうやって形をつくり、どのような突然変異が起これば、どのようなメカニズムで、たとえば種を超えるような進化が起こるかについて、ネオダーウィニズムはまったく無力である。現象整合的な進化論を構築するためには、発生プロセスのいつどこで、個々の遺伝子たちが発現するのか、さらにはそれを制御しているシステムはどうなっているのかを明らかにしなければならない。最終的には発現したたんぱく質たちが、どういう関係性の下で、形を構築するかがわからなければ、これらのシステムのどこが変化して、大きな進化が起こるのかはわからない。

自然現象と人間の理論

自然現象の解明が進めば進むほど、美しくしかも現象整合的な理論をつくるのは難しくなってくるのではないだろうか。自然は人間が論理整合的に理解するには複雑すぎるのかもしれない。あるいは、人間の脳は、因果律や排中律を絶対の真理と看做して理屈を立てるが、自然は必ずしもそのような理屈に従って動いていないのかもしれない。

V

10―ダーウィンが言ったこと、言わなかったこと

ダーウィンが言ったこと

ダーウィンが生まれた年（一八〇九年）は奇しくもラマルクの『動物哲学』が出た年です。ダーウィンはラマルクのことをあまり評価していなかった。それはなぜかというと、私は「進化時空間斉一説」と言っているのですが、ラマルクは定向進化を考えていたからです。生物は自然発生して単純なものから複雑なものに、下等なものから高等なものに、ただひたすら一様に進化していくという話です。ダーウィンは当然ながらこれには反対しました。ダーウィンの考え方はそれとはまったく違っていて、生物の形質の変化はその場限りの出来事として環境と変異の兼ね合いでアド・ホックに決まり、予測もできないし、一様に高等になっていくものではない、というものです。そういう考え方は、当時では斬

新なものでした。

　ダーウィンはそういった考え方を出したのですが、多くの人は誤解して、進化というのは下等なものが高等になっていくことだと思ってしまった。今でもそう思っている人は多くて、「進化論」というのはそうした考え方だというイメージが強いですよね。しかしダーウィン自身はそうは考えていなかった。獲得形質の遺伝ということを支持していましたから、半分はラマルクを擁護しながらも、メインの説については完全に否定していたわけです。

　獲得形質の遺伝説というのはラマルクのメインの学説ではなく、自分のメインの進化時空間斉一説を擁護するための補助仮説でした。ラマルクの考え方で言うと、すべての生物は同じような速度で、同じように高等になっていくわけですから、いつ自然発生したかによって、上から下まですべて順番が付けられるわけです。一番昔に自然発生したものが一番高等で、つまりそれは人間になっていて、つい最近自然発生したものはミドリムシとかゾウリムシとかになっている。同一系列がずっと続いているという考え方で、種分岐とかはまったく考えていない。そうすると、上から下に高等から下等へと順に厳密に生物が並びます。だからラマルクの考えによると、見た瞬間にどっちが高等でどっちが下等なのかはすぐにわからなければならない。

けれども、世の中にはどちらが高等なのかわからない生物はいっぱいいます。たとえばクワガタムシとカブトムシはどっちが高等か、とか。それで結局、ラマルクは用不用説に加えて獲得形質の遺伝説を唱えたわけです。生物はある環境に移ったら、環境に適した器官を発達させ不用な器官を退化させて、徐々にそこへ適するようになっていき、その形質は遺伝する。たとえば樹上に棲む生き物と地上に棲む生き物では、自然発生の順序がずれていても、適応の結果、形が変わっているから、少し見ただけではどちらが高等でどちらが下等かはよくわからないという考え方です。そうやっていろいろな生物の多様性を説明しようとしたわけです。こういったラマルクの考え方は非常に整合的ですが、何の根拠も実験的データもなかった。それに対して、ダーウィンは非常によく調べている。同種の生物にも変異がいっぱいあるということから、自然選択を考えたわけです。

ダーウィンは非常に慎重な人でした。ラマルクはドンブリだったのです（笑）。後から考えると当たり前の話ですが、すべての生物にはちょっとずつ連続的な変異がある。そうすると、ある変異は環境に適しているし、ある変異は適していない。これも当り前ですね。したがって、ある交配集団があるとして、変異が遺伝するならば、環境に適した変異は集団のなかに徐々に広まっていくはずだ、と考えるわけです。

しかし環境というのはどんどん変わり、安定的ではない。ずっと安定しているならば生物の形質もそれに適して安定しているはずですが、環境は変わってしまう。そうすると、今までより適しているものが出現する可能性が高くなるので、結果として、環境の変化の後を追いかけて生物は適応をしていく。ですから、今いる生物は少し前の環境に適応していて、今の環境には追いついていない。それが進化の原動力になる。これが自然選択ということです。連続的な変異と獲得形質の遺伝と環境が生物の形を変える。それがダーウィンの考え方です。

考えてみると、すべての生物には変異がありますが、すべての生物が生き残るわけでもありません。また、少なくとも変異の一部は遺伝します。そのなかには環境に適したものと不適なものがあるはずです。そういった条件があれば、ダーウィン的な進化というのは不可避で、必ず起きてしまう、ということになる。ですから、ダーウィンにとって、生物であることは進化することの十分条件であるわけです。そういう構造をダーウィンは見つけたと言えます。

しかし、このような生物と同じ性質を持っているものは、生物でなくてもすべからくダーウィン的進化をするわけですよ。変異があって、存続するものはそのうちの一部で、あるものは適応的で、それ以外は適応的でない。そうであれば、適応的なものへ徐々に進化していくというのは、どんなものにも当てはまるわけです。パソコンだろうが自動車だろうが、何にでも応用できるでしょう。そういう点で、ダーウィンの進化論のモデルは非常に汎用性が高かった。そこには、現代人が生活していく上でなるほどと思わせるところがすごくあった。それが、広く受け入れられた一つの理由でしょうね。

ダーウィンが言わなかったこと

ただし、生物であるということは、ダーウィン的な進化をする要因なのですが、では進化はすべてダーウィン的であるかというと、それはまた別の話になります。あるいは、生物はすべてダーウィン的な進化をするというのは正しいとしても、すべての生物はダーウィン的な進化だけをするというのは正しいのか、と言ってもいい。ダーウィン的でない進化のあり方の可能性を、ダーウィンの進化論では排除できないわけです。後のネオダーウィニストたちは、すべての進化はダーウィン的な進化で片づくのだということにしてしまった。それはやはり問題であっただろうと思うのです。

その最大の問題点は、簡単に言えば、システムがガラリと変わるという考え方がなかったということです。ある生物があって、それが変異を重ねていくなかで大きく変わっていってしまうということは考えたのだけれども、変わっていくのは変異の積み重ねによってですから、単純に言えば後戻りも可能なはずです。しかし、構造変換のような、システム自体がガラリと変わってしまって、もう後ろには戻れないという理屈は、ダーウィンの進化論からは出てこないのです。

ダーウィン的な進化では、生物には変異がたくさんあって、たとえば、環境がAからBに変われば、Bに適した変異を持つ個体が増加するけれど、またAに戻れば、生物も元に戻るはず、ということになります。実際オオシモフリエダシャクの工業暗化では、ススで汚れた環境では黒い蛾が増えたけれど、環境浄化が進むと、元の白い蛾が大部分になってしまったわけです。これはダーウィン的進化の典型です。しかし、実際には大局的に見ると、進化は元に戻らない。生物の進化の基本的なバージョンというのは、三八億年の進化史があるのだけれども、一度も元に戻るということはなかった。だからなぜ元に戻らないかということを考えなければいけないのだけれども、変異は連続的でシステムそのものは変化しないという考え方では、元に戻れない理由を説明できないわけです。そこで何か、リバーシブルにならない構造を入れなければいけない。しかし、そういう考え方はダーウィンにはなかった。

もう一つ、ダーウィンは獲得形質の遺伝説を強く擁護して、パンゲン説という変な説を唱えていましたよね。これは、ジェミュールという粒子が体内のあちこちに散らばって各部分の情報を取り込み、生殖細胞に集まってくることで、子供を産むときに、前の世代の獲得形質や経験を取り入れて遺伝が起こるという説です。こうした考え方は――もちろんジェミュールの存在は間違っていますが――ネオダーウィニズムからすれば完全に間違いということになりますが、ダーウィンが間違っていたことはなぜか言いたがらないですよね。それで生物学者も含めてダーウィンは獲得形質の遺伝について反対したと思っている人が多いようです。彼はもちろん、合っていることも間違っていることも言ったのだけど。

ただ、獲得形質の遺伝についてはありえることもわかってきました。ＤＮＡのメチル化ということがあります。ＤＮＡの塩基は、アデニン（Ａ）、チミン（Ｔ）、グアニン（Ｇ）、シトシン（Ｃ）で構成されているのだけれども、上流のほうからシトシン－グアニンになっているこのシトシンに、CH_3というメチル基がくっついてしまうことで、このＤＮＡが機能しなくなるわけです。これをＤＮＡのメチル化と言います。このＤＮＡのメチル化は環境的な要因でもって、ある程度決定されるのです。たとえばメチル基がたくさんある食べ物を食べさせると、今までないところがメチル化される。このメチル化は次世代に遺伝されることがあり、これは分子レベルでの獲得形質の遺伝です。メチル化されると一般的にそこのＤＮＡは機能しなくなるので、ＤＮＡは変わらなくても、生物の形質が変わることがある。生物の形はＤＮＡが変われば変わることもあるが、基本的にはどんなＤＮ

Aが働くかで決まりますから、同じＤＮＡがあってもそれが働くか働かないかで生物の形は変わってしまうことがあるわけです。そういう意味では、おおっぴらには言われませんが、獲得形質が遺伝するのはありえることなのです。そのうちダーウィンは獲得形質の遺伝を予言していたのでやはり偉かったという話にならないとも限りませんね。

先ほども述べましたが、ダーウィン的進化は漸進主義で、システムがいきなり変化して、斬新的でない進化が起こることはダーウィンの進化論の埒外の問題です。それは遺伝子が少し変わって生物が少し変わるという話ではなくて、システムが変わるといきなり全部変わるのです。遺伝子がまったく同じでも働き方が違うと、全然違うものができてしまうことがあるわけです。

たとえば脊椎動物の進化のなかで一番大きかったのは顎ができたことです。顎ができるというのは、顎をつくる遺伝子があってそれが徐々に顎を大きくしたということではまったくない。ヤツメウナギのような顎がない生物がいますが、口をつくるために働いている遺伝的カスケードがあって、それが働くことによって次々に遺伝子のスイッチが入ってヤツメウナギの口ができます。しかし、それがほんの少しずれた後方で働くと、そこは本来鰓弓という骨ができるところで、その骨を巻き込んだかたちで口ができてそれが顎になる。遺伝子のカスケードが働く場所がほんのちょっとのずれるだけで形は大きく変わるのです。

これはヘテロトピーと言うのですが、AというところでＢ働いていた遺伝的カスケードがBというところで働くことによって形がまったく変わってしまう。遺伝子ではなく遺伝子を働かせるシステムが変わるわけです。それは漸進的進化ではない。こういう進化パターンはダーウィン進化論の想定外なのです。

そうなると、生物の形は適応的に徐々に変わるというよりは、適応とは無関係に変わってしまう。すると、この形の変化に関しては自然選択が働く余地がない。ダーウィン的説明では大きな進化が起きるためには、まず小さな変異があって、そこに自然選択が働いて徐々に適応的に形が変わる必要がある。その結果として大きな進化が起こるわけです。大きな進化のためには、変異プラス自然選択が必要と言われていました。しかし、今述べたようなかたちで、無顎類が顎口類になるときには、ヘテロトピーでドンと進化すれば、その大きな変化に対して自然選択は関係ないのです。自然選択はその後に働く。あまりに無茶苦茶なものができればリジェクトされて生きていけない。自然選択はこの場合は進化の原因ではなくて結果なのです。

枠が変わる

ダーウィン的な進化はちょっとの変異に対して自然選択がかかり、その繰り返しで大きな進化が起こると考えます。したがって、自然選択は進化の原因であり結果です。しかし、システムの変更の結果生じる大進化には、自然選択は関与していないわけですから、そうなると、ネオダーウィニズムの言っているような遺伝子の突然変異と自然選択が進化のすべての原因だという話は、ちょっと難しくなる。

枠が大きく変わる、たとえば顎ができたとなると、有顎というシステムの内部でどういう進化が起きるかというのはダーウィン的進化です。それは細かい変化です。しかし顎ができるとか、脚ができるとか脚が退化するとかいう変化はダーウィン的進化では説明できない。単純なことを言うと、脚があるやつが海に入ったりはしない。脚があるやつが海に入って溺れそうになりながら生きているうちに徐々に環境に適していったということはありえない。

生物というのは自分の形が変わったら一番適したところに行くわけです。たとえば脚がいきなり縮んでしまった鯨の祖先は陸に行かないで、海に行きますよ。そういうわけで適応というのは僕らの考えでは能動的なものなのです。自然選択説の適応概念は、環境があって生物が強いられて徐々に形を変えていくというものですが、僕らは、形が先に変わってしまえば、生物は自分に適した環境を探すはずだと考えるのです。適応というのは、生物が積極的によりよく生活できる場所を探すことです。そうすればさしあたって一番適したところに行く。適したところがなければ死ぬのです。

システムの変化についてもう少し述べましょう。二〇〇八年の一一月の『ネイチャー』に中国で最古の亀が見つかったという記事が載っていました。今までに見つかった最古の亀は二億一〇〇〇万年前でしたが、二億二〇〇〇万年前の亀が見つかって、それには背中の甲羅がありませんでした。二億一〇〇〇万年前の亀はプロガノケリスと言うのですが、腹も背中も甲羅があって完全な亀なのですが、甲羅が未発達なものが見つかったのです。亀の背中の骨は実は背骨と肋骨が融合したもので、その上に皮膚が薄く骨化したものが被さっています。中国の亀は背骨は甲羅に発達途中なのですが、肋骨が未発達です。それはおそらく現在の亀の初期発生を見ると、そういう状態を通って親亀になる。この亀は現在の亀から見ると発生途中で止まっているのです。システムの変換が起こって完遂すれば甲羅のある亀になれるのですが、全部はうまく行かなくて途中で止まってしまったという状態です。あともう一つプロセスが進むと甲羅のある亀になる。肋骨というのは通常肩胛骨の内側にできるのですが、亀の肋骨は肩胛骨の外に飛び出しています。亀は内骨格がまったくありません。中国の亀はお腹の甲羅はできているのです。発生の途中で止まっている状態です。そうなると、ヘッケルが言ったように、「個体発生は系統発生を繰り返す」というのは半分くらいは当たっていることになる。

進化が起こるためには発生のプロセスが変わらなくてはいけない。遺伝子が変わったとしても発生のプロセスが変わらなければ、形は変わりません。形は遺伝子がどこでどうやって働いているかという順番で決まるわけですから、同じＤＮＡでも働き方が変わればまったく違うものになる。今まである遺伝子をどういうふうに働かせるかというシステムの問題です。

大きな進化はシステムが変わらなければ生じないという考え方は、ダーウィンからネオダーウィニストまでの進化論にはなかった。進化発生学の進展により、システム論的に進化論を再構築しようという動きはやっと具体的になってきたわけです。ただ今のところシステムの変換とはどういうことかがよくわかっていませんから、実際に進化をさせることはまだできませんが。遺伝子の働き方は基本的にはまず卵の内部状態で決まります。単純に言うと、卵のなかのいろいろな高分子の状態がどの遺伝子のスイッチを入れるかを決めます。遺伝子にスイッチが入ればタンパク質がつくられますから、それによって次にどの遺伝子にスイッチが入るかが決まります。それがカスケードです。そのときに外からバイアスがかかってタンパク質がだめになったりすると、後天的に形が変わり、場合によっては奇形ができます。発生の途中で薬物を与えたり温度が変わったりすると、発生のカスケードが変わるからです。

奇形というのは単純に言うと、同一のゲノムでできうる枠内の形なのです。乱暴に言えば、生物はちょっとシステムを変えることにより奇形の生物に進化する可能性がある。たとえば、サリドマイドなどでアザラシ肢症の子供が生まれたことがありますが、ああいう変異が発生の段階で固定されてしまえば、そういう人間が遺伝的にずっと生まれる可能性があるのです。人間はそうなれば、水棲に適した体になりうる可能性がある。おそらく鯨の祖先はそうです。五〇〇〇万年前の鯨は歩いていたのです。それがほんのわずかのあいだに水中生活になりました。おそらく二段階でしょう。四肢が両生類型になって短くなって、沼のようなところで生活していたと思われる鯨の化石が見つかっています。その後の鯨はほとんど今の鯨です。ですから二段階で四肢がなくなっていく。そうすると海で泳ぐしか方法がない。パキスタンで見つかった五〇〇〇万年前の四つ肢がある鯨の化石は狐くらいの大きさです。海に入った後で大きくなるわけです。大きいほうが生きやすいのでしょうね。シロナガスクジラは史上最大の哺乳類なのですが、そういう進化はダーウィン的進化で起こりうる。環境に不利か有利かで進化していく。

しかしだからといって生活できないところには行けないわけですから、陸生の動物が鯨になったとき、初めに構造変換が起きないといけない。そして、海に入ってダーウィン的進化が始まる。昔は大進化と小進化と言っていました。ネオダーウィニストは大進化は小進化の繰り返しで起きると言っていますが、そう単純なものではない。大きな変化は、構造・形がいきなり変わることによって起こると思います。生物は自分の形が変わってしまったので、しょうがないから生きるのに適したところに移動する。

ダーウィンの当時の科学的知識は今から見ると知れています。ダーウィンはきわめて禁欲的な人で、パンゲン説という勇み足もありましたが、当時の知識の範囲内でもっとも整合的な進化論を構築したのだと思います。しかし、現在の科学的知識はダーウィンの時代とは比較にならないほど増加したのですから、それに相応しい進化論が構築されて然るべきです。生まれてから二〇〇年経っても、ただ崇められているだけでは泉下のダーウィンも苦笑いしていると思いますね。

11　本能行動の獲得は自然選択説では説明できない
――ファーブルによるダーウィン進化論批判

ファーブルは膨大な数の昆虫の観察を通じ、驚くべき「昆虫の本能行動」を記録しました。本能行動とは「外部の刺激に対して引き起こされる、学習や思考によらない行動」のことです。一八五九年に『種の起原』を著したチャールズ・ダーウィンは「本能も自然選択により進化していく」と考えたのですが、ファーブルはその主張を一貫して否定し続けました。ファーブルは、「本能は学習でも習慣でもなく、生得的に取得していて、厳密に決まっているものである」と考えたのです。

昆虫の観察を積み重ねてきたファーブルは、「生物は生きていくのに都合のいい本能行動を長い時間かけて徐々に獲得し、その性質を持つ子孫が自然淘汰によって生き残った」というダーウィンの主張に違和感を覚えました。そして『昆虫記』に、次のように記しています。

私は、「ハチは知っている、わきまえている」といったけれど、本当はこういうべきであろう、「ハチはまるでもとから知っており、わきまえていたように振舞う」と。ハチの行為はすべて霊感に基づいている。虫は、自分のしていることを少しも理解せずに、ただ自分をせきたてる本能に従っているのである。それにしても、この崇高な霊感はいったい何に由来するのか。遺伝説、自然淘汰説、生存競争説は、それを合理的に解釈できるであろうか。

（『完訳 ファーブル昆虫記』第一巻下）

そしてファーブルは『昆虫記』のなかで、折に触れてダーウィンの進化論批判を展開します。

難問が迫ってくると、あなた方進化論者は、何世紀という時間のなかに逃げ込んで雲隠れしてしまう。空想力の及ぶかぎりの大昔の暗闇のなかに退いてしまうのである。

（同書第二巻上）

ただ、昆虫はすべて本能行動に従っているのかというと、そういうわけではありません。たとえばチョウはさなぎから成虫になると花の蜜を吸いに行きますが、このとき最初に採蜜した花の色を覚えています。そして二回目以降も、同じ色の花を探すようになるのです。

春先に菜の花の近くで生まれたモンシロチョウは、黄色い花の近くに行けば必ず蜜が吸えることを覚えます。モンシロチョウの成虫の期間は二〜三週間程度ですので、花の季節よりも寿命のほうが短い。蜜が吸える花の色を覚えておけばずっと食事にありつけるので、チョウは学習していくのです。

チョウからすれば、蜜を吸える花の色を覚えることは最小の努力で最大限の成果を挙げることになります。その戦略がうまくいかなくなると――つまり蜜を吸うことができなくなったら、今度は蜜を採ることができる別の花を探し、その色を覚えます。後天的な学習行動は本能を補完し、環境に適応しやすい状況をつくる上で、大きな意味を持ってくるのです。

ただし、昆虫もいくら学習することがあるとはいえ、すべての行動から考えると、その割合は微々たるものでしかありません。昆虫の行動の大部分は、本能によって決められている――つまり「生まれつき決められたことしか実行できない」と言ってもいいでしょう。

人間の場合は、学習によって行動を後天的に変化させられるので、同じ刺激を受けたとしても、どのような行動を取るかは人によって変わってきます。しかし昆虫は脳が小さいので、学習によって新しい神経回路をつくり出す余地がほとんどありません。だから外部から刺激を受けたときの行動は、どの個体も同じようになります。これは昆虫が先天的な本能行動に支配されていることの証と言えるでしょう。

ナルボンヌコモリグモの消える本能

こうした昆虫の本能行動を、多くの人は生まれながらに持っているものであると同時に、一生変わることはないと考えています。しかし、昆虫の世界はわれわれが考えているほど、単純なものではありません。昆虫のなかには、私たちの思い込みを打ち砕くような、驚くべき行動を示すものが存在します。昆虫の不思議な本能行動についての面白いエピソードを、いくつか紹介しましょう。

まずは「ナルボンヌコモリグモの木登り」です。ナルボンヌコモリグモは徘徊性のクモで、メスが背中に子どもを乗せながら育児をすることで知られています。ファーブルはこのクモの本能が、一生のうち一度だけ大きく変化することを発見しました。

その変化が現れるのは、母グモの背中の上で育った子グモが、母親のもとを離れるときです。保護期間が終わり母グモの背中から降りた子グモは突然、高い場所へ登ろうとします。ナルボンヌコモリグモがこの「登攀（とうはん）の本能」を発揮するのは、そのときだけです。それ以降は、再び地上での生活に戻ります。この行動をファーブルは、『昆虫記』第九巻に記録しています。

このクモにおいては、旅立ちの時期に、ひとつの本能が突如として現われるわけだ。それは数時間ののち、出現したときと同じように突如消えてしまい、二度とふたたび現われることはない。その本能とはすなわち、上へ上へと登ろうとするものであって、これは成長したクモにはない本能であり、住居を定めず長いこと地上をさまようことになる解散後の子グモにおいて、すぐに失われてしまうものである。（同書第九巻上）

一生のうちに、ほんの一瞬しか現れない行動は、はたして本能と呼べるのでしょうか。かといって、ナルボンヌコモリグモの子グモは、母親から高いところに登る方法を教えてもらったわけではないので、学習行動とも違います。なぜナルボンヌコモリグモにこのような習性があるのかはわかっていませんが、昆虫の不可思議な本能行動のよい例と言えるでしょう。

本能行動は基本的に、プログラムとして遺伝子に刷り込まれたものだと考えられていま す。ただし、その詳細に関しては今のところまったくわかっていません。ＤＮＡそのものに本能行動を規定する遺伝子が刻み込まれているとすれば、何らかのタンパク質がつくられ、生物に本能行動をするように促しているとも考えられます。しかし、人類はその複雑なプログラムについて、分子生物学的に説明する方法をまだ手にしていないのです。

遺伝子の塩基配列は、生まれてから死ぬまで変わらないのですが、その使い方――つまり発現の仕方が変化することは多々あります。そのような遺伝情報であるＤＮＡの塩基配列の変化を伴わずに、後天的な影響で発現の仕方に変化が生じる現象を「エピジェネティクス」と言います。ナルボンヌコモリグモの木登りも、もしかするとエピジェネティックな変化が関係しているのかもしれません。

多細胞生物では同じ遺伝子を持っていても、細胞によって発現パターンが異なります。適切なタイミングで発現パターンが変化することによって細胞の表現形が変わり、新たな器官がつくられるのです。エピジェネティクスは環境変化など後天的な要因により、形質の発現に変化を生じさせます。このようなエピジェネティックな変化は、もしかしたら生物の行動にも影響を与えているのかもしれません。

ナルボンヌコモリグモの場合、子グモが母親から離れるタイミングで遺伝子発現のスイッチが変化し、その時期だけ高い場所に登っていく本能が現れるという可能性は大いに考えられます。今後、エピジェネティクスの研究がさらに進んでいけば、このような昆虫の本能行動と遺伝子の関係がわかってくるかもしれません。

イスパニアダイコクコガネの幼虫の不合理な仕事

『昆虫記』第五巻で紹介されているイスパニアダイコクコガネもまた、ナルボンヌコモリグモと同じように一時期だけで消えてしまう本能行動を発揮します。かなり不思議な行動ですので、この昆虫も取り上げておきましょう。

イスパニアダイコクコガネの生まれたばかりの幼虫は、巣が壊れると自ら石を積み上げて修理しようとします。ところが幼虫が成長して少し大きくなると、その本能行動は消えてしまうのです。そこでファーブルは蓋のない井戸のようなところに、それぞれ成長の度合いが違う幼虫を入れるという実験を行いました。

しかし、生まれたばかりではあるけれど、小さな幼虫はちゃんとその手段を有しているのだ。まだ左官屋にはなれないから、この虫は石積みの職人になる。肢や大腮（おおあご）を使って、虫は住まいの壁から材料のかけらを取り、ひとつまたひとつと、それを井戸の縁に積み上げていく。

（同書第五巻上）

イスパニアダイコクコガネの生まれたばかりの幼虫は、見事な手際で石を積み上げて円天井をつくります。ところが、この幼虫は少し成長するとそれまでの技術を忘れてしまうのか、同じ行動を取らなくなるのです。成長した幼虫は自分の糞をひねり出し、コテ状の体節で押し込んで穴を塞ごうとします。ただ、この穴塞ぎ仕事はあまり手際がよいとは言えません。なぜ小さな幼虫が見事にやってのけた仕事を、少し大きくなると繰り返せなくなるのでしょうか。

こんなふうに、昆虫の技術のなかには、一生のある時期には用いられるが、そのあとでは捨て去られ、完全に忘れ去られる仕事のやり方があるのだ。何日か早いか遅いかによって、その才能が変化してしまうのである。

（前掲書）

何でも合理的に考えようとする人間から見れば、このようなことが起こるのは少しおかしい気がします。冷静に考えれば、大きくなっても巣を手際よく修理できたほうが敵に見つかりづらいので、生き残る可能性が高く、環境にも適応的と言えます。しかし実際に観察してみると、当の昆虫はそのような人間の考えなどおかまいなしに行動しているのです。目的意識などなく、合理的でもないのが本能行動の特徴の一つと言えるかもしれません。しかし、非合理的で環境に適応していないような行動であったとしても、現在まで子孫が生き残っているという時点で、その生物の目的は達成されているのです。

『昆虫記』の多様な魅力

現在の進化生物学の標準理論と考えられているのは、ダーウィンの自然選択説と、グレゴール・ヨハン・メンデルの遺伝学説を中心に、いくつかのアイデアを融合させた「ネオダーウィニズム」です。ネオダーウィニズムでは、「突然変異」によって少しずつ違ったタイプの動物が現れ、自然環境に適応したものが生き残り、「自然選択」されるという考え方が基本となっています。ネオダーウィニズムの研究者からすれば、「生物は環境に適応できるように、徐々に形態や行動を変化させていった」ということになるのですが、それでは説明できないことは数多くあります。ファーブルが観察してきた昆虫の本能行動は、まさにその最たる例です。ファーブルは次のように主張します。

あなた方はなおもいう。アラメジガバチは一挙に現在の外科手術に到達したのではない。ハチは何回もの試みと、訓練により、いくつもの段階を経て少しずつ上達してきたのだ。淘汰によって選り分けられ、へたなものはふるい落とされ、じょうずなものが残された。そうして一頭のハチの能力に、遺伝によって伝えられた先祖からの能力が加えられて、今日知られているような本能が、しだいに発達してきたのである、と。
この議論は間違っている。段階的に発達していく本能などありえないことは明らかだ。幼虫の食料を準備する能力は名人のものであって、見習いなどには許されない。狩りバチは最初からこの技術に秀でているか、そうでなければこのような方法に手をつけてはならないのである。

(同書第二巻上)

本能行動が徐々に獲得されていったということになれば、本能行動を完璧に習得する前の中途半端な行動しかできない世代の昆虫も存在しなくてはなりません。しかし、仮にそのような昆虫がいたとしても、中途半端な能力しか持っていなければ、生き残れるはずはありません。こうした疑問に対して、ネオダーウィニズムは納得のいく解答を与えることができないのです。

数え切れないほどたくさんの種が存在する昆虫は、脊椎動物とは比べものにならないほどの多様な世界を展開しています。先ほど紹介したように、多様な昆虫の性質には、生存戦略として合理的でないものが数多く見受けられます。ファーブルは、そのような昆虫の多様な世界を丁寧な筆致で、いきいきと描きました。

『昆虫記』を初めて読む人は、自分が面白いと思ったトピックから読んでいくといいでしょう。何度も読んでいる人は、ファーブルの生きた時代の科学的な背景まで考えてみてください。そうすることによって、ファーブルがどのような知識を使ってダーウィンの進化論に反論したのかということが見えてきます。読むたびに、新たな発見があるという意味で、『昆虫記』は何度読んでも楽しい書物なのです。

12　人生というスーパーシステム
——多田富雄の仕事

　免疫というのはよくわからないシステムである。昔からそう思っていた。知識が増えてきた今ではますますわからなくなってきた。免疫はスーパーシステムであると多田富雄は言った。システムでさえよくわからないのであるから、その上にスーパーが付いたら、わけがわかるわけがない。

　しかし、わけがわからないでは「科学」にならない。科学とは変なる現象を不変の同一性でコードする営為、あるいはもっとわかりやすく言えば、内部矛盾がない一つの理論でなるべくたくさんの現象を説明したいという欲望である。免疫現象を研究する科学者たちも、そう思っていたに違いない。『免疫の意味論』（青土社）でイェルネのネットワーク説について熱く語っていることからもそれがわかる。

ネットワーク説は、自己の内部に存在する極めて多数の抗体が互いに反応しあってネットワークをつくっているとの仮定から出発する。ネットワーク説が面白いのは、ネットワークが外部抗原を認識できるのは、ネットワークの内部に外部抗体と等価なものをすでにして持っているからであると考えるところにある。外部抗原の刺激を受けたネットワークは対応する抗体の数を増やし、ネットワークは多少とも変貌して、免疫系は少し変わる。この理屈ではほぼすべての免疫現象は説明できるはずだ。そうイェルネは主張したのだ。すごいグランドセオリーである。

しかし、他の多くの生物現象と同様に、免疫系はグランドセオリーで説明しきるにはあまりに複雑すぎるのだろう。次々と新しい細胞や免疫関連の高分子が発見され、ネットワーク説は崩壊していく。多田さんは『免疫の意味論』のなかで次のように述べている。

既存の分子生物学が、あらゆる還元主義的方法を駆使して作り上げるインターロイキンとそのレセプターによって成立する王国の前では、ネットワーク説はあまりにも形而上学的であった。一九八〇年代後半に入ると、もはやネットワーク説に言及する者さえいなくなった。しかし、イェルネのネットワーク説は、神のいない完結したシステムが、過不足なく働くための原理についての凄味のあるモデルであることを依然としてやめない。いつかはそこに戻らなければならないと免疫学者の一部は考えている。しかし、いまはそれに言及するのはタブーである。

多田さんはイェルネのグランドセオリーに代わる新しいグランドセオリーをつくりたかったのかもしれない。しかし、多田さん自身が発見したサプレッサーT細胞にしてからが、イェルネのグランドセオリーの崩壊に一役買っているのだから、多田さんの気持ちはちょっと複雑だったに違いない。

多田富雄に初めて会ったのは、一九九一年六月に八王子の大学セミナーハウスで開かれた大学共同セミナーの席上であった。当時、私はセミナーハウスの運営委員をさせられていて、委員の義務として任期中に一度、大学共同セミナーを開催せよということで、思案のあげく、「現代科学は生命を解読できるか――生命という形式」と題して学生を五〇人ほど集めて二泊三日のセミナーを開いたのである。ちょうど、この年の一月から多田さんは『現代思想』に「免疫の意味論」を連載されていて、毎回興味深く読んでいた私は、お忙しい多田さんに無理を言って、セミナーの講師を引き受けてもらった。

他の講師陣は、柴谷篤弘、養老孟司、横山輝雄、黒崎政男、郡司幸夫であった。まだ若かった黒崎政男や郡司幸夫が、夜中までドンチャン騒ぎをして学生さんたちと遊んでいたのを覚えている。もう二〇年近く前のことで、内容はうろ覚えであるが、手元のパンフレットを見ると、柴谷「進化形式と生命」、養老「身体・脳・社会」、横山「生命観の歴史」、黒崎「哲学から眺めた生命論」、郡司「〈生命〉という形式と自己参照」、私が「自然言語と生命論」、そして多田「脳の自己と身体の自己」となっている。今年開くセミナーの題だとしても少しも違和感がないだろう。多田さんのレジメには「生命科学が最終的に理解しようとしているのは、自己同一性を持った個体の生命であろう。免疫は自己と非自己を識別して、非自己の侵入から自己の同一性を守る機構と考えられている。ときには移植された脳まで拒絶して守ろうとしている身体の自己とは何か。自己と非自己の境界は本当に明瞭なのか」とある。

『免疫の意味論』の連載の第一回とほぼ重なる話で、身体をグローバルに捉えようとの指向がはっきりうかがえる。免疫学はあまりにも還元主義的になりすぎて、多田さんにはものたりなくなっていたのかもしれない。

東大を退官される少し前から、多田さんにはエッセイストとしてのあるいは新作能の作者としての活躍が目立つようになる。一九九一年に書かれた『無明の井』と題する新作能は、脳死と心臓移植を主題にしている。多田さんは、脳死・臓器移植に反対していた。最近出版された論考集『いのちの選択――今、考えたい脳死・臓器移植』（岩波ブックレット）にも、「脳死について」という絶筆に近い一文を寄稿されており、『無明の井』を見たレシピエントの次のコトバを紹介している。

ドクター、私は肝臓を移植されて今は恙なく生きています。移植を待つ間は、「どうにかして臓器を得たい。誰か脳死にならないか。殺してでも肝臓を採りたい」と思って過ごしていました。その苦しみは、この能の通りです。

『無明の井』は脳死状態で心臓を摘出されたドナーの男とレシピエントの女が、舞台の上でお互いの苦しみを語るという内容で、レシピエントはドナーに対する罪悪感から苦しんで死ぬという話だ。命が助かったのだから、喜べばいいじゃないか、苦しむなんてムダなことだ、と考える人もたくさんいるだろう。しかし、個体の生命をグローバルに捉えることを生命科学の目的だと考える立場をつきつめていった果ての多田さんの倫理は、そういう考えを許さなかったのだろう。「脳死移植について」は次のコトバで結ばれている。

私は、一つの解決に、「静かな諦念」というものがあるのではないかと思っています。ひたぶるに生きることは人生の最も大切なことです。しかし現在の医学では、移植で治療不可能な臓器もたくさんある。消化管の移植治療などはまだできない。無限の生への欲望ではなく、現在の科学の限界を踏まえた上で、残された生の充実を望むこともひとつの選択ではないでしょうか。

これは多田富雄の晩年そのものである。多田さんは二〇〇一年の五月、脳梗塞の発作で倒れた。その後、死線をさまよって臨死状態になり、声と右半身の自由を失って生還した。その間の事情は『懐かしい日々の想い』（朝日新聞出版）のあとがきに詳しい。多田さんは手書きで原稿を書いておられたという。もの書きが利き腕と声を失ったら、もはや書くことは不可能だろうとの思いで、何度も自殺を考えたという。

しかし、多田さんはそこから不死鳥のように甦る。自殺の衝動と闘いながらも実行できなかった第一の理由は、奥様の献身的な看護だったと多田さんは言われる。もちろん、その通りには違いないのだろうが、それと同時に免疫学の研究を通して実感されておられた、変貌する自己同一性をともかくも維持しながら生きるのが生物の個体だ、というテーゼを自ら実践しようと決意されたのではないか。それは脳死・臓器移植に反対する倫理と深いところでつながっていると私は思う。

スーパーシステムとしての免疫系が外部からのバイアスを受けて、どのように変貌するかはあらかじめわからない。同じように花粉を浴びても花粉症になる人もいれば、ならない人もいる。同じようにハチに刺されても、アナフィラキシーになる人もいれば、まったく平気になってしまう人もいる。人生というスーパーシステムも免疫系と同様にいずれ崩壊するのは確かだとしても、どう崩壊するかはあらかじめわからない。どんなに苦しくても未来のことは生きてみなければわからない。

周知のように、最晩年の多田さんは、厚生労働省が二〇〇六年に行った「リハビリ診療報酬改定」の撤回運動の闘士であった。個々人の事情を無視して機械的にリハビリ日数を制限しようとするこの改定に、多田さんは烈火のごとく反対した。経済合理性だけに依拠したこの改定は、困難に立ち向かって生きようとするスーパーシステムとしての人間個人に対する冒瀆である。多田さんの怒りの激しさは『わたしのリハビリ闘争』（青土社）からひしひしと伝わってくる。

多田富雄は言うまでもなくエッセイの名手である。悲憤慷慨調のものも悪くはないが、身辺雑記的なものは特に上手で、遺作となった『落葉隻語　ことばのかたみ』（青土社）に収められた「死に至る病の諸相」などはぞっとするほどの迫力である。多田さんと同じく前立腺癌で苦しんでいる友人に同窓会で会ったときの話を次のように綴っている。

どう表現したらいいのだろう、ぞっとするだけでは、一瞬の感覚に過ぎない。そのぞっとする感覚が足の裏から頭のてっぺんに向かって持続的に走っていくのです。それが持続するとき、別の絶望感になります。怖いという感覚ではありません。もっともっと怖ろしい感覚です。僕は、学生のときに習った「悪液質」の感覚だと想うが、どうでしょうか。

こんなことを当たり前のように書けるのは、多田さんが崩壊していく自己の身体を凝視して、あきらめつつも、なお心のどこかでそれを観察する余裕というよりむしろ楽しみを持っていたせいではないだろうか。私は死に直面したことがないのでわからない。いずれそうなったときに、多田さんのように頑張れるかどうか。それもわからない。

私が一番好きなエッセイは、アメリカ留学中の体験を記した『ダウンタウンに時は流れて』（集英社）。月並みな表現だけど、このエッセイは涙が出るほどすばらしい。他の業績は知らず、このエッセイ一本だけで多田富雄の名は後世に残るだろう。

多田富雄の人生はスーパーシステムそのものだった。同一性を保ちつつ変貌しながら徐々に崩壊し、しかも常に新しい局面を拓いてきた。本人は苦しかったに違いないが、遠くから見る限り、見事な人生だったと言う他はない。

VI

13 「マイナーな普遍」としての虫の楽しみ

虫の楽しみ

ぼくは虫についてはずっと飽きないで捕っているんだけれども、何が面白いってやっぱり種類がたくさんいることです。集める楽しみというのは全部集めちゃったら終わっちゃうわけだから、「集まらない」というのも楽しみの一つなんだよね（笑）。昆虫はどうしたって一生かけても集まらないと思う。たとえばぼくなんかは最初に蝶々を集めたんだけれども、収集ということで言えば、日本産の蝶々の種類なんてたかが知れているから、もちろん天然記念物のようなものは捕らないようにするけれども、それ以外のものは一生懸命がんばれば集まっちゃうわけ。そうすると日本国内にいると集める楽しみというのはもうそれで終わっちゃうから、あとは地方の県別にとか亜種とかを集めるようになる。亜種とまでは言わないような地域変異もいっぱいあって、たとえばベタにいるモンシロチョウなんていうのはどこで捕っても同じだけれども、局地的にポツンポツンといるのになると、遺伝子が混ざらないので場所によって斑紋や大きさや形とかがちょっとずつ違ってくる。そういうのをコンプリートに集めようとすると非常に大変だから、そういうところで情熱を燃やす人もいるよね。一番すごいのでは、クロツバメシジミという多肉植物を食べている河川敷のちょっとしたところに局地的にいるやつがいて、山梨にいるのと長野にいるのと九州にいるのとでみんなちょっとずつ違うので、それを産地別にくまなく集めようと凄まじいパトスを燃やす人もいる（笑）。収集というのはやっぱりそういうふうにしていかないとつまんなくなっちゃう。種のレベルで収集しようとする場合は日本だけではすぐ終わっちゃうから、東南アジア等の海外に行ったりする。世界に目を向ければ蝶々だって四、五万種いるんだから、これはもうとても集まらないよね。

子どもの頃には最初は虫でも魚でも何でも、捕る面白さというのがある。魚の場合は特にそうだよね。その点、虫には標本をつくって並べるという楽しみがあるんだけれども、ただそのためには箱もいるし場所もいる。それを博物館のように並べていくというふうな楽しみ方にだんだんなっていくんだけれども、それにも相当の資金力、体力、それから場所がいるから、ぼくなんかも八〇〇箱くらいあるけれども、なかには何万箱も持っていて箱代だけで一億円使ったなんていう人もいるわけで、そうするとかなり特殊な人じゃないとコンプリートに集めるということはできないわけだよ（笑）。美術品を集めるのとは違って単価は安いけれども、数が膨大だからね。そのうちしょうがないから何をするかというと、観察して発見する楽しみという方向へ行く人も多い。

蝶々を集めている人でも、最近は採集禁止の種も多いし標本作成も面倒臭いので、自分で撮った生態写真をコレクションするだけという人がすごく増えた。昔は写真を撮るといっても、大きなカメラで撮影してフィルムを現像してファイルして……と結構大変だったけど、今はデジタルで場所をとらないから楽だしね。『月刊むし』を刊行している中野にあるむし社の会長はぼくの友だちなんだけれども、海外ツアーのコーディネイトもしていて、ときどき朝に電車で一緒になって雑談をしていると、「最近ツアーに参加する人で網を持って来ない人がいるんだよね」と言う。つまりデジタルカメラしか持って来なくて、珍しい蝶々の写真を撮るだけというわけ。そこへ採集したいやつが来て写真撮ってる最中のを捕っちゃったりしてトラブルになったりすることもあるらしい（笑）。ぼくの場合はカメラなんて持って行かない。やっぱり写真撮ると虫捕れないし、虫捕ると写真撮れないから。両方やる人もいるけどね。デジカメはかみさんは持っているけど、ぼくはカメラも携帯も面倒くさいから何も持ってないんだ（笑）。だからぼくが行くときは、標本のラベル以外何の記録もない。

生態を見るというのは野外の話だから、それはそれでフィールド派には面白いんだけれども、さらに高じた人になると、養老（孟司）さんみたいに捕って帰ってきて「モノ」を見るという楽しみがある。これはけっこうな楽しみで、虫はやっぱりディテールがすごいし、みんなちょっとずつ違っている。特に小さい虫は重力から自由だから、形がキテレツになるわけ。虫だけでなく、大きな生物というのは重力によって形が一定程度決まってくるよね。あんまりめちゃくちゃなところに突起なんか付けたら歩けないでしょ。たとえば象の鼻はあの程度だけれども、あれを三倍も伸ばしたらもう歩けないじゃん（笑）。ところが小さい虫は重力からフリーだから、すごく変な格好――たとえばヒゲや鼻をものすごく伸ばしたりしても大丈夫だから、小さいほど変な形をしている。実際にそういう小さい虫の変な形を見るには顕微鏡で見なくちゃいけないので、養老さんなんかは〝ファーブル〟という小さな顕微鏡を現地に持って行って、虫を捕ったらすぐ「おお、これすげえ！」とか言ってしょっちゅう見てるし、家でも暇さえあれば顕微鏡をのぞいているね。

そんなふうに虫には人それぞれの楽しみ方があるんだけれども、最近は食べる楽しみなんていうのもある。昔から昆虫食を主旨にした本はあったけれども、どちらかというと学術的な研究が多かった。だけど最近出た内山昭一さんの本『楽しい昆虫料理』（ビジネス社)』なんかは、レシピが全部書いてあって、料理をどうやってつくるかとかどれがうまいかとか、完全に「食材としての虫」という話だからね。これからだんだん食べ物がなくなってくると虫を養殖して食おうとかそういう話になってくると思うし、そういうアプローチも面白いと思う。

昔は、虫の楽しみといったら小学生の昆虫採集の延長線上にしかなかった。それがだんだん捕る楽しみから収集する楽しみへ、専門的に分類したり研究したりして、生態を見る楽しみ、食べる楽しみ……と、虫の楽しみ方はだんだん広がってきたと思う。だけどそのわりに実際は虫が好きな人というのはあまり多くない。それにはやっぱり小さいときの環境が関係あるんだろうと思う。お母さんや周囲がみんな虫は気持ち悪いと言っているなかで育つと、どうしても「虫＝見ただけで気持ち悪い」というふうになっちゃって、大学でもときどき教室に蛾や蜂やトンボが入ってきたりするけど、トンボなんてどうってことないのに、キャーキャー言って逃げ回る学生もいる。子どもっていうのは、何の先入観も与えなければ、ああいうこちょこちょ動いている生き物は好きになるはずだから、それはそれで面白がると思うし、そうすれば虫を好きな人も増えてくるかもしれないんだけどね。

ぼくは魚釣りに最近よく行くんだけど、やっぱり魚よりも虫のほうが扱いやすい。魚は大きいし生臭いし、針を外すだけでも手がにゅるにゅるになってしまう。その点、虫は堅いしきれいだし、糞虫のような特別な種類を集める人は別だけど、触っても基本的には手は汚れない。糞虫を集めている人たちも最初はウンコだから汚いと思うけど、集め出すうちにだんだん気にしなくなって素手でやるようになっていくんだよね。だけど糞虫というのは、実際は本当にきれいだし形も面白いんだよね。だからぼくは自分では捕らないけど、きれいになった糞虫を友だちからもらう（笑）。糞虫が汚いのは点刻にゴミとか糞とかがいっぱい溜まっているからなんだけれども、あれをたとえば実験に使うシャーレを洗うような特別な洗浄機で全部掃除すると、本当にピカピカになる。高校で理科の先生をしているぼくの友だちは、その洗浄機で実験器具ではなくて糞虫ばかり洗っていて、「先生は本当に熱心にその機械を使っていらっしゃいますね」と言われるんだけれども、糞虫を洗っていると言うと他の先生に怒られるから、こっそり黙って洗っているらしい（笑）。ぼくは昔、虫に白色ボンドを薄く塗って、堅くなりすぎる前の生乾きの状態で美容パックのように剥がすというやり方で、点刻のなかのゴミを取り除いていた。そうすると剥がしたパック自体が虫そのものの転写のようになるから、それを見れば何の虫かわかるということで、一つの標本から二つ標本が取れるとか言って、今度はそれを集めるやつが出てきたりした。虫には本当にいろんな楽しみ方があるんだよね。

虫の名前

昔の人たちは虫にいろいろと変な名前を付けた。たとえば今は「トゲハムシ」とか言って面白くなくなってしまったけれども、トゲが無数に生えているハムシの仲間がいて、昔はそれを「トゲトゲ」と呼んでいた。その仲間の特殊なやつに、トゲがまったくなくてツルッとしているのがいて、それは「トゲナシトゲトゲ」と言う。群馬大の医学部で教授をしていた小宮義璋さんという養老さんの東大の医学部の一つ下の学年の人がいて、彼がまだ東大医学部の脳研究施設にいたときに、ぼくはよく一緒にタイや台湾等に虫を捕りに行っていた。小宮さんはものすごく虫を捕るのがうまい人だったんだけれども、あるときタイの山奥で、夜中に突然ホテルのぼくの部屋のドアをドンドンと叩くやつがいて、そういうのはたいてい客引きとかロクな話ではないことが多いから警戒してドアの覗き穴を見たら、小宮さんが立っている。ドアを開けて「どうしたの?」と訊ねると、「大変だよ、池田君!」「このトゲナシトゲトゲ見てくれよ」と言う。見たら、「ほら、よく見ろ。トゲがあるぞ」「これはトゲアリトゲナシトゲトゲだ!」って（笑）。「トゲアリトゲナシトゲトゲ」というのがいるとすると、また新しくそういうグループができるでしょ。そうするとそのなかにまたトゲのないやつが出てきたりすると、大変なことになるよね。しかも実際、それが最近ニューギニアかなんかにいたんだよ。誰かが見つけてきて、「このトゲアリトゲナシトゲトゲ、トゲがない」とか言い出して、もうなんだかわけがわからなくてむちゃくちゃ（笑）。それは名前が悪いというだけのことなんだけど、そういうふうに昔付けられた昆虫の名前には、「メクラチビゴミ」とか、差別語もいっぱい入っている。そういう和名を気にして直そうなんてことを言い出す人もいるし、べつに直さなくてもいいんじゃないかという人もいる。メクラチビゴミというのは、上野俊一先生という偉い先生がそのグループの大家で、「俺が付けた名前だから直すな」と言うので、なかなか直してもらえない（笑）。

魚にも変な名前が多いから、そういう動きがけっこうある。「イザリウオ」なんかも差別語だと言うけれども、最近若い学生に「躄る（いざる）」って知ってる？」って訊いても誰も知らないから、もう差別語でも何でもないよ。そういうのは変な話だよね。それに、大和言葉だけが差別語になるんだよ。「メクラ」は差別語だけど、「モウ（盲）」と言うと漢語だから差別語のニュアンスが薄まって、「ブラインド」って言えばもう完全に差別語ではなくなる。どれも同じ意味なんだけどね。そうやってみんな英語に直していくわけ。「ハンディキャッパー」とか言って。最近は「メクラカメムシ」を「カスミカメムシ」にしようなんて言っているけれども、メクラもカスミも大して変わらないだろう（笑）。

普遍へ通ずるマイナー性

ぼくは二〇〇一年に本州で新属新種のカミキリムシを記載した。最初に辻君という人が捕ってきて、次に伊藤君という人が捕ってきたので、それに「ツジウス・イトイ」という名前を付けた。辻君というのはぼくの弟子で、虫捕りの天才みたいな人なんだけれども、一九九九年に最初に彼が長野の戸台というところで一匹だけ小さい雌を捕って、ぼくのところへ「先生、これ何ですか?」と持ってきた。それは間違いなく日本にはいない種類だったから、外国にもいないかどうかを調べてみた。そうしたらどうもいないようだったので、「これは新種だ」と思った。だけど一匹だけじゃどっかから入ってきた外来種かもしれないし、どうしようかと思っていたら、昆虫を記載するときに一番重要な標本をタイプ標本と言うんだけれども、そのときいた辻君の同級生の伊藤君が「ぼくが来年、雄を捕ってくるのでタイプ標本にしてください」と言うから、忙しいこともあって記載をしないで待っていた。そうしたら翌年、大きな雄を木当に捕ってきたんだよ。皆それで「ヒェー」と色めき立って、ぼくらも毎日捕りに行った。でも全然捕れなくて、そこへひょこひょこっと辻君が来て二つ捕っちゃった。本当にどういう捕り方してるんだ?と思ったけど(笑)、それで計四つになったので、その四つを元にしてぼくが記載したわけ。

それはおそらく日本の本州産のカミキリムシではピカイチの珍品で、それからずっと年に一匹か二匹しか捕れなかった。ぼくものべ三〇回以上通ったと思うんだけど、一匹も捕れなかった。それが一昨年あたりから少しずつ捕れるようになって、ぼくも自分で初めて捕ることができた。一昨年は全部で一〇匹くらい捕れたんだけれども、それが去年になったらむちゃくちゃたくさん、三ケタ捕れたんだよね。それがなぜなのか、その理由はわからない。戸台というのは有名な採集地だから、その時期には多くの人が採集に行っているにもかかわらず全然捕れなかった新種がなぜ一九九九年になっていきなり捕れて、最初のうちはほんのちょっとしかいなかったのに、どうして今はいっぱいいるようになったのか？　実はそれと同じ属の虫が中国の奥地にいるんだけど、カミキリムシの専門家にその種のホロタイプを見てもらったら、やっぱりちょっと違う種類だと言うんだよね。ぼくはもしかしたら外来種かもしれないと思って少し心配していたんだけど、外来種だったら普通は川に沿って上がるとか、東京とか福岡といった都市に現れるでしょう。だから外来種じゃないよね。でも長野県の伊那の奥、南アルプスの山梨と反対側の仙丈岳のふもとにある戸台という山奥になぜいきなりそんな変な虫が現れ、あのへんの狭い範囲だけでエクスパンドしたのか？　そういうことは全然わからない。やっぱり虫はミステリアスだね。本州のカミキリムシなんてほとんどもうわかっているから、同じ種だと思っていたのがよく調べてみたら新種だったということはあるけれども、完全に別種のものが捕れるなんていうことは滅多にないことで、驚いた。昔だったら沖縄とか小笠原とかであれば、調べられていないから行けば新種が捕れるということがあったけど、カミキリムシというのはポピュラーで調査も進んだグループだから、そういうことは本当に珍しいんだよね。

ぼくはよく言っているんだけれども、虫というのは「マイナーな普遍」だと思う。虫は種であり、人間だって種なんだから、虫の歴史と人間の歴史は同じとまでは言えないけれども、普遍性のレベルは同等に高いわけだよ。どこにどんな虫がどのように分布しているかというのは、自然史としては相当に普遍性の高いことでしょ。でも普通の人にしてみればそんな普遍なんてあってもなくても同じようなものだという意味で、「マイナーな普遍」なんだよね。普通の人はやっぱり自分の個別ということが大事で、本人にとってはメジャーな市場性とマイナーな個別性しかない。でも自然史のレベルから見れば、あんたが誰と結婚しようが、大金持ちになろうが、何で死のうが、そんなことは何の価値もない(笑)。虫は虫屋だけしか知らないオタクの世界なんだけれども、そのオタクの世界が普遍に通じている。人間だけでやっている文化というのは、本当のことを言うと普遍には通じていない。たとえばすごいアニメーションをつくりましたなんて言っても、それは人間という種の枠のなかだけの話でしょ。地球の生命史三八億年の歴史から見ると、そんなのはどうでもいいわけ。でも、たとえばツジウス・イトイがいつから存在したかといえば、もしかしたら人間という種の歴史より古いかもしれない。人間の文化なんてせいぜい「中国四〇〇〇年」とか言っているくらいで、大したことないわけだよ。ヒトという種だって誕生してせいぜい三〇万年くらいしか経っていない。対して昆虫は一〇〇万年くらい同じ種が生き続けているのかもしれない。それを調べることは普通の人から見ると、何の役にも立たないオタクの世界だというふうになってしまうけれども、自然そのものである虫を集めることと切手を集めることとは全然意味が違う。虫の面白さというのは、普遍であるのにマイナーだという点に尽きるんじゃないかと思うんだよね。

14 — 虫採りの風景

写真とは真実を写さないから写真なのだという話がある。旧ソ連共産党の機関誌は「プラウダ」と言った。プラウダとはロシア語で真実の意だと言う。昔のモスクワっ子たちは、共産党の誇大宣伝が流されるたびに、声をひそめて、「プラウダ」と言ったという。日本語に翻訳すれば、さしずめ「ウッソー」とでもいうことになるのだろう。

写真は現実の出来事のある局面の切り取りである。だから、それ自体はウソではない。しかし、ウソではないことが、すなわち真実かというと、なかなかそうとも言えない難しい事情がある。たとえば、ある男が別のある男を刃物で刺している写真があるとする。これが写真である限り、この出来事がいつかどこかで起きたことは間違いない。しかし、写真はこの事件の文脈までは説明してくれない。もしかしたら、刺されている男は強盗で、刺している男は正当防衛あるいは過剰防衛を行っているところかもしれない。これは多くの人が写真から読み取るであろう意味（刺した男は悪者で、刺された男はかわいそう）とはまったく逆の事態であろう。

通常、人は写真から何らかのメッセージを受け取ろうとする。しかし、写真そのもののなかに唯一無二の客観的なメッセージがあるわけではない。メッセージは写真を見る者が、写真の背後の文脈を推定して構築するものだからだ。一つの写真から受け取るメッセージは、ゆえに受け手によって広くもなるし狭くもなるし、場合によってはまったく異なるものとなる。プロの写真家は、自らの送りたいメッセージを、あるレベルの受け手を想定して、一つの写真のなかに事物の配置と陰影として固定することになる。やらせという手法を採らない限り、出来事は写真家の理想通りの瞬間を持つわけではないから、シャッター・チャンスをめぐる写真家の努力は、場合によっては涙ぐましいものとなる。ときには写した人の意図を超えるあるいは異なるメッセージが読み取られることもあり（むしろ、それが常態かもしれない）、「写真」、「写す人」、「見る人」という三項関係の力学の帰結としての写真という真実は、出来事という真実と拮抗することとなる。「見る人」がいなければ、写真はただの紙きれにすぎない。写真は見る人によって語られて物語になる。

前置きがいささか長くなった。それでは、ここに示した写真を物語ってみよう。平均的な日本人は（何をもって平均的と言うかはよく知らないが）、この写真から何を読み取るだろ

'96 5 23

う。周りに木のはえた空間に子供たちが集まって虫採りをしている、ということは誰でもわかる。子供たちの風体からして、何やら日本ではなさそうであるが、もしかしたら何かの映画のロケ風景かもしれず、どこで撮影したかわからなければ、坐っているおじさんの周りで子供らが虫採りをしている以上のことは、この写真だけからはわからない。普通の日本人の感覚からすれば、少しく異様であることは何となくわかるけれど。

これはベトナムのハノイの北、一〇〇キロメートルほどのところにあるタムダオ山へ虫採りに行ったときの頂上での虫採り風景である。私が撮ったのか、同行の誰かが撮ったのか、記憶は定かではない。タムダオ山はベトナム北部きっての昆虫類の好採集地で標高は一三、四〇〇メートルくらいか？　真中少し左に坐っているのは養老孟司、周りで虫を採っているのはベトナムの子供たちである。タムダオに虫採りに行った人ならばすぐわかると思うが、右手にはクリガシの花が咲いており、これにカミキリムシをはじめとする甲虫類が吸蜜に集まるのである。

「96・5・23」と右下に印字されているので、それが本当であれば、この頃がタムダオ山頂での虫採りのピークなのだということも、わかる人にはわかるはずである。奥のほうが少々ぼやけているのは山頂に霧がかかっているせいである。狭い山頂に虫採りの子供たちが集まっている。上昇気流と共に、中腹をおおう原生林中から吹き上がってきた虫たちは、山頂の木々の葉に止まり、花があれば吸蜜する。その数はときにおびただしく、虫を採るならば山頂が最も効率がよいのである。

東南アジアに行ったことのない人は、東南アジアの山のなかはどこでも原生林が拡がっていると思うかもしれないが、タイもベトナムもほとんどの山は切り払われて、原生林などほとんど残っていない。しかし、たまたま残っている原生林での虫の種類数と個体数はすさまじい。タムダオはベトナム北部に残る貴重な原生林の一つなのだ。たとえば、ネキダリスというさやばねが極端に短いハチに擬態したカミキリムシがいる。日本には一〇種、台湾に五種が知られているが、一つの産地に生息するネキダリスはせいぜい四種であろう。それがタムダオ山には七種もいる。カミキリムシ全体ではこの山だけで五〇〇は下らない種数が生息するのではないかと思う。日本で最もカミキリ相が豊富な山梨県や長野県でさえ、全県で三〇〇種ほどである。しかも個体数がまたすごい。もちろん生息するのはカミキリムシばかりではない。蝶もクワガタムシも同じようにたくさんいる。これらの虫を採りに子供たちが集まってくるのである。

何のために子供たちは虫を採るのか。学校から昆虫採集の宿題が出ているためではもちろんない。趣味で集めている？　そんな子供はベトナムにはいない。虫を売るのである。買うのはほとんど日本人である。山頂で子供たちと一緒に虫を採っていると、採った虫をその場で売りにくる。高く売れる虫を驚くほどよく知っていて、採り方はもっとよく知っている。高い虫は一匹一ドルくらいで売れる。超珍品は場合によっては一〇〇ドル以上で売れる。普通の人の月収はせいぜい一〇〇ドルくらいであろうから、子供たちが虫を追いかけるのも無理はない。なかには子供だけではなく、一家総出で虫を採っている家族もいる。虫を採っているのは現金収入がほとんどない山岳民族の人たちが多い。

一九七〇年代までは、台湾にもたくさんの採集人がいた。埔里の街では蝶の翅を加工して工芸品をつくっていた。しかし今、台湾に昆虫の採集人はほとんどいなくなった。虫を採るよりもサラリーマンとして働いたほうが高収入が得られるようになったからであろう。かつての台湾や最近のタムダオで、採集人たちはそれこそ虫を山ほど採る。それでも虫は一向に減る気配はない。それが舗装道路一本、ダム一つ造ると虫はまたたく間に減ってしまう。一九八〇年頃から東南アジアに虫採りに行くようになったが、私の経験した限り、一度虫が減少したところは二度と元通りにはならないようである。

たとえば、タイのチェンマイを見下ろすドイ・ステープという山がある。大きな寺院が建っていて、周りは原生林におおわれている。一九八〇年頃、ここはカミキリムシやクワガタムシの大産地であった。今も昔と同じように寺院の周りは原生林でおおわれているが、虫はほとんど採れなくなった。原生林の周りの林を伐採してしまい原生林が小さく孤立しためではないかと私は思っている。虫があまりいなくなった頃から、ドイ・ステープでは昆虫の採集が禁止されるようになった。皮肉な話である。

生物多様性が大事だと叫ばれるようになって久しいが、マクロに見れば、どこにどんな昆虫がいるかはほとんどわかっていない。全世界に昆虫は三〇〇〇万種ほど生息していると推定されているが、名前が付いているのは恐らく一五〇〇万に満たないだろう。九五パーセントは名なしのごんべえなのだ。生息環境が悪化して名前も付けられずに滅んでいく昆虫種がどのくらいに上るのか見当も付かない。そんなこともあって、虫は何でもいいから極力集めるようにしている。タムダオのように採集人がいるところでは、珍品も駄物もどちらともわからぬものも、名前が付いているのもいないのも無差別に買い集めている。私が生きているあいだに整理できないことはわかっている。しかし、タムダオだっていつバッタリと虫がいなくなるか知れたものではない。本来このてのことはどこか公的な機関がやるべき仕事ではないかと思うが、グチってみても仕方がない。そんなわけで我家の冷凍庫も大学の冷凍庫も、未整理の虫でいっぱいなのだ。

夜になると酒を飲みながら標本をつくってはいるが、焼石に水ならぬ氷山にマッチである。冷凍庫を開けてため息をついている私を見て学生が言う。「底のほうで凍っている虫は、先生のお葬式の日も、きっとあのままですよね」。「そうかもしれない。でも私が死んで一〇〇年もすれば、世界遺産になるよ。だから私が死んだ後は君が整理をするんだ」。

ところが近年、東南アジアの各国から昆虫の標本を持ち出すのは大変めんどうになった。ベトナムでも許可なく昆虫標本を国外に持ち出すのは違法とのことである。それで、さしあたって一番困るのは恐らくタムダオの虫売りたちであろう。日本人に虫を売ることができなければ虫を採っても仕方がないからである。写真のような光景はもはや見ることができないのかもしれない。虫を採るにもそれなりの技術が要る。タムダオの虫採りの名人は、虫から見たタムダオの自然について驚くほど物識りである。どんな樹がどこにあり、その樹の花はいつ咲いて、それにはどんな虫が飛来するのか。あるいは樹液が出ている樹がどこにあって、そこにはどんなクワガタがあるいはカナブンがついているのか。タムダオにはトンキンテナガコガネという珍種がいて、虫売りたちはこれを山ほど持ってくるが、いまだかつて私は自分で採ったことがない。

虫売りがいなくなれば、彼らの持っているこういった知識は伝承されることなく、あっという間に消滅してしまうだろう。生物多様性を守れと叫んでいる人の何人が、彼らに匹敵するほどの自然に対する繊細な知識を持ちあわせているだろうか。

東南アジア各国で、昆虫の国外持ち出しが禁止されたのは、自然保護とも生物多様性の保護とも関係ない、資源ナショナリズムがらみの話だと私は思う。周知のように米国で遺伝子に特許が認められるようになって、開発途上国の野生生物は金もうけの対象と考えられるようになった。有用な遺伝子を発見して特許をとれば、ときに莫大な利益になるからである。しかし、遺伝子に対する特許は原産国にとって何のメリットもない。開発途上国が野生生物の国外持ち出しを一律に禁止するのも無理からぬことだ。

私がグチってもどうにかなるものでもないが、しかしそれは、こと昆虫に関する限り、生物多様性の解明のさまたげになることは間違いない。前述のタムダオのネキダリスの七種のうち六種までは、日本人か現地採集人によって、その存在が確認されたものである。ベトナムにはタムダオほどは有名ではない好採集地がいくつかあり、本格的な調査はこれからというときに調査が不可能になってしまうのは残念と言う他はない。米国発グローバリズムの波は、私の老後の楽しみの一つとベトナムの虫売りのささやかな現金収入の道を共に閉ざすことだけは確かなようである。

VII

15 ぼくは虫ばかり採っていた
——構造主義生物学への道

怖かった戦争の話

——東京の下町のお生まれですね。

池田　生まれたのは葛飾区の小菅で、いまの東京拘置所のすぐそばに住んでいました。ぼくは小児結核をやって幼稚園に行けなくて、友達がいないもんだから、一人で虫を採ったりして遊んでいたんです。それで虫好きになったんじゃないかと思うんですね。綾瀬川がすぐ近くだったので、ポンポン船の音が聞こえると、ダーッと走って土手を駆け上がって、船を見ていたのを覚えています。昔のことだから、きっとおわい船だったんでしょう（笑）。

休日は親父の自転車の荷台に乗せてもらって、荒川放水路の河川敷にザリガニを捕りに行きました。まだ食料難だったんだと思うんだけど、食べる目的で捕るんです。ザリガニは飼っていたニワトリの餌にもなりました。河川敷にはカニなんかもいて、それは楽しかったですよ。

――奥本大三郎さんは一番最初の記憶は虫だったとおっしゃっていましたが……。

池田　ぼくはそういうことはないけど、おふくろが戦争の話をして、すごく怖かった記憶があります。それはほんとに小さな頃で、友達と何かで喧嘩したら、「日本はアメリカと大喧嘩してたくさん人が死んだ。あまり喧嘩はするな、仲良くしなさい」と。

一学年上にビートたけしがいた

――喧嘩はよくやったのですか。

池田　やりましたね。小さいときはあまり強くなかったんだけど、小学校の高学年の頃は喧嘩で負けたことがない（笑）。小学校に上がる前に足立区の島根町、現在は梅島になっていますが、環七と日光街道の交差点のすぐそばに引っ越したんです。すぐ隣にビートたけしがいました。彼は一学年上で、小学校も一緒です。小学校のときは知りませんでしたけどね。あまり目立たない子だったんじゃないかな。お兄さんは勉強ができて、おふくろによく「北野の兄さんみたいになりなさい」と説教されました（笑）。

あのあたりは昔は溜め池がたくさんあったんです。おそらく江戸から明治にかけてつくられた田圃に引く水を温めるための池だと思いますが、フナやクチボソなどがいっぱいいて、魚を捕るのは面白かったですね。淡水のエビもいて、かき揚げにして食べると結構、うまかったですよ。

魚捕りに夢中になって、池に落ちたこともあります。しょっちゅう服を汚して帰っておふくろに怒られていたから、また怒られるのがいやだったんでしょうね、濡れた服を木の枝に干して、パンツ一つでまた魚を捕っていたんです。そうしたら近所の女の子がうちに通報しまして、おふくろが服を持って飛んできた。そのときはあまりのことだったので、叱られなかった覚えがあります。小学校の一年くらいですね。

テストで「くろ」の反対を「ろく」と書く

——ふつうは泣いて帰るところです。しっかりしてますね。

池田　いや、ぼくはできの悪い子供だったらしくて、やっぱり一年生のときに、テストで

「くろ」の反対を「ろく」と書いたことがある（笑）。父兄会で先生に「おたくのお子さんはユニークだ」と言われて、おふくろがあきれて帰ってきたけどね。

ぼくは小学校に入ったとき自分の名前も書けなかったんですよ。親父もさすがにびっくりして、表にひらがな、裏に絵が描いてある木のカルタを買ってきてくれました。たとえば「ね」の裏には猫の絵、「か」の裏にかけすの絵が描いてあって、それで結構、動植物の名前を覚えましたよね。

あほらしい話なんだけど、ぼくは三七、八歳まで、「む」という字の左側の丸になる部分を反対回りに書いていたんです。ふつうは「す」と同じように書くでしょう。それを反対回りに書いて、いったん止める。止めるのがなかなか難しくてね。あるとき手紙を書いていたら女房が隣にいて、「あなた、いま『む』をどう書いた？　もう一回書いてごらんなさい」と言うから、書いてみせたんです。そうしたらゲラゲラ笑って、「日本広しといえども、こんなふうに『む』を書いてる大学の助教授は、あなた以外いません」と笑われた覚えがある（笑）。

ぼくはちょっと頭が悪かったのかもしれないね。中学に入ると数学で「x」とか出てくるでしょう。$x=2$とか$x=3$とか数学が適当に変わるじゃないですか。それがわからなかったんです。しばらくして自分の頭で理解して、代数というのはまさに数の代わりに文字を使って、数字をなんでも当てはめるんだと悟ったんですけどね。

――ふつうの子は頭から覚え込んで、自分で考えようとはしません。

池田　ぼくはいつもひっかかって、いつも「なぜだろう」と思っていました。物理学者の法橋登さんに、「わからなくてもわかったふりしてどんどんやるんだ。そうすると、そのうち本当にわかるときが来て、ダーっとわかるようになる。おまえみたいに最初からすべて理解しようとすると、だいたいは挫折する」と言われましたけどね。

小学校四年生から蝶を集め始める

――本格的に昆虫採集を始めたのは……。

池田　最初は魚捕りのほうが好きだったんです。だけど、魚は飼うのが難しい。庭に小さな池を掘って飼っていたんだけど、大きなフナなんてすぐ死んじゃうんですよ。今にして思えば酸素が足りなかったんだと思いますけどね。そうするうちに、学習院かなんかに行っていた近所のお兄さんが、蝶の標本を見せてくれたんです。こうやって標本をつくればずっととっておけるというので、見よう見まねで標本をつくって、それから虫採りに凝り始めた。それが四年生くらいです。それからはもっぱら蝶を採って標本にしてという感じですね。

ちゃんとした標本箱を買ってもらえなかったので、最初はワイシャツの箱やカステラの箱に入れておいたんだけど、虫に食われるし、カビが生えるし、大変なんですよ。小学校の五年か六年になったときに、親父が近所の硝子屋さんに頼んで、桐の箱にガラスを差し込めるようにして標本箱をつくってもらったんです。それに樟脳を入れておけば虫に食われないことがわかって、それから本格的に蝶を集めるようになりました。

―― 初めて擬態を見たときの驚きを、どこかに書かれていましたが……。

池田 あれは小学生の五、六年のときです。松戸から船橋に行く電車がありますが、あそこに大きな霊園があるでしょう。その近くに祖父の知り合いがいて、あるときカブトムシとクワガタムシを採りに連れていってくれたんです。あのへんはまだクヌギ林がたくさん残っていたんですね。そこでカブトとクワガタをいっぱい採って、おじいさんの知り合いの農家に行ったら、庭の片隅に小さなマムシがいたんですよ。

びっくりして「マムシがいた!」って飛んでいったら、これは虫だと笑われてね。よく見たら、マムシに似ているのは頭だけで、あとは切れている。いまにして思えばガの幼虫なんですけど、それがマムシの頭をしているわけ。マムシに似ていれば鳥に食べられないということは、何となくわかりました。擬態については、のちに進化論に関わることになって格闘することになるんですが、そのとき初めて擬態というものを知ったんです。

高校では生物部に入る

――昆虫採集は親も賛成してくれた……。

池田　ぼくは悪ガキで、近所の悪童と一緒に農家の庭先の柿なんかをかっぱらったりしてたからね（笑）。虫に夢中になってくれれば、ちょっとはいいんじゃないかと思ったんじゃないかな。親父が北隆館の『原色昆虫大図鑑』という結構値の張る図鑑を買ってくれましたよ。渋谷の志賀昆虫普及社に行って、ちゃんとした捕虫網や三角管や展翅板も買ってもらいましたから、結構お金がかかりますよね。そんなことで小学校、中学校、高校もなんだけど、虫のことしか考えていなかった。ただひたすら虫を採っていました。

さすがに中学生になると、親父に「もっと勉強しなさい」と説教されて、少し勉強して都立上野高校という、あのへんでは一番いい学校に入りましたけどね。小椋佳は数学年上だったんじゃないかな。もっと上には立花隆とか荒木経惟がいます。

高校では生物部に入りました。上野高校の生物部には、のちに大学の先生になったのが多いんです。一年上にはタンポポの生態学者になった小川潔さん、一年下には、いま魚の分類学では一番の権威だと思うけれども、松浦啓一君がいます。その頃から小川さんは自然保護の思想が徹底していて、丹沢に一緒に虫を採りに行ったときは、ぼくがたくさん採るもので、「池田、そんなにたくさん採るんじゃない」と怒られてね。そのとき見つけたギフチョウという珍しい蝶の大発生地があったんですけど、ダムの下に沈んでしまいました。そのときの標本はまだかなりたくさん持っていますが、貴重だと思います。丹沢のギフチョウは絶滅しちゃったからね。

東京オリンピック見学を拒否

――東京オリンピックの頃から首都圏の虫が消えていったとお書きになってますね。

池田　東京オリンピックのときは学校で授業として見学に行くことになったんですが、ぼくともう二、三人、天の邪鬼なのがいて、行きたくない、授業をやってくれとゴネたんですよ。先生、困っちゃって、「じゃあ、学校へ来い」と言ったけど、結局授業はやらずに、「遊んでろ」と（笑）。

ぼくは、みんなが行く行くと言うと、何かいやなんです。上野高校と書いた運動着があるんですが、ぼくは着なかった。それでよく先生に怒られました。体育の先生とか体育会系の人って、わりにそういうのにうるさいじゃないですか。ぼくはお姉ちゃんのお古の運動着を着て先生と喧嘩したけど、「うちはお金がないから、これを着てるんです」と言うと、先生もなかなか反論できない（笑）。べつにお金がなかったわけじゃないんだけどね。

――池田先生にはリバタリアニズムに関する著書もたくさんありますが、リバタリアンの萌芽が見えるような気がしますね（笑）。当時の都立の進学校は生徒も教師もユニークな人が多かったのでは……。

池田　いい先生がいっぱいいいましたね。漢文の渡辺弘一郎先生はアララギ派の歌人で、いま清水房雄の名で読売歌壇の選者をしておられます。ぼくは渡辺先生にかわいがられたんだけど、よく「詩吟をやれ」と言うんで困りました。ぼくは漢文はできたんですよ。教科書を全部暗記しちゃって、全部暗記すれば満点ですよね。でも、虫ばかり採っていたので、あまり勉強はできなくて（笑）。

――でも、大学はストレートでしょう。

池田　三年になったとき先生に「おまえ、どこを受けるんだ」と言われて、東京教育大学と答えたら、「そんなところ受からないだろう。ほかも受けておけ」と言われました。「まだ四カ月あるから何とかなります」と言って、最後のほうで頑張って、何とか受かったんですけどね。

親父は立原道造の後輩だった

——お父上はどんな方だったのですか。

池田　親父は高校の英語の教師でした。親父も昔の高等師範だから、言ってみれば大学の先輩です。さっきお話しした渡辺弘一郎さんは高等師範の同級生なんですよ。

親父はリベラルというわけでもなかったのですが、蔵書がいっぱいあって、文学青年だったんじゃないですかね。ぼくも小さいときから親父の目を盗んで、小説は長ったらしいからあまり好きじゃありませんでしたが、詩や評論をよく読みました。中学生のときに立原道造を読んでましたよ。

親父が昔の府立三中で、立原道造のちょっと後輩なんです。彼に処女詩集をもらったと言うから、「どこにあるの」と聞いたら、「戦争で燃えてしまった」と言うので、がっかりした覚えがあります。『萱草に寄す』と『暁と夕べの詩』は一〇〇部とか二〇〇部限定の私家本ですから、いま残っていたら、目の玉が飛び出るほど値が張るんじゃないですか。

——お母さまは……。

池田　おふくろは、いい加減というか突拍子もないというか、常識が欠如しているような人で、ぼくはおふくろにちょっと似ているのかもしれない（笑）。ぼくが高校に入ったときも、大学に入ったときも、学位をとったときも、就職したときも、「清彦は運がいいから」と、それしか言わないんですよ。ぼくが「運だけじゃなく、ちっとは勉強したんだよ」と言っても、全然信用してない（笑）。

――大学で生態学をやるということは決めていたわけですね。

池田　小学生のとき「将来、昆虫学者になりたい」と書いて、先生や友達に笑われましたから、将来、生物をやるということは決めていたんです。ただ、生物学教室へ行くと、どんなことをさせられるかなんてことは全然知らなかった。もっぱら虫でも採っていればいいと思っていて、とんでもないということがわかったんですけどね。

麻雀とデモに明け暮れる

――ちょうど大学紛争の時代ですが……。

池田　ぼくは大学一年、二年までに日本の蝶はほとんど集めてしまった。ちょうどその頃、大学紛争が起こるでしょう。何となく熱が冷めちゃって、麻雀とデモばかりやってました。三年、四年と講義はまったくなくて、一九六九年は教育大は入試がなかったんです。ぼくは臆病なので、捕まるようなことはあまりしませんでしたけど、ぼくの友達はデモでたくさん捕まって、一年下の堀道雄なんてしょっちゅう捕まっていました。現在は川那部浩哉さんの後任で京都大学の動物生態学研究室の教授をしていますけどね。

――ご両親が心配されたのでは……。

池田　諭すようなことは言いませんでしたね。おふくろは戦争でだいぶ懲りていて、国を信用するなとしょっちゅう言ってました。親父は現職の校長だったから、あまり反体制的なことはおおっぴらには言いませんでしたが、おふくろは、「国なんかつぶれても自分が生きていればいいんだから」と言ってましたよ（笑）。そういうのはおふくろ譲りみたいだね。

――研究の道に進もうと考えたのは……。

池田　ぼくは研究者になって好きなことをやって生きていければと思っていたので、会社に勤めようと思ったことは一度もないんです。それで大学院へ進んだのですが、ほんとは川那部先生のいる京都大学の生態学研究室に行きたかったんですよ。残念ながら落ちちゃったので、教育大の大学院に入ったんだけど、当時の教育大の生態学は弱小で、一人前の講座じゃなかったんですね。マスターからドクターに行くときに、研究室の力関係もあったんでしょうが、ぼくはドクターに入れなかったんです。

しょうがないから一年遊んで、北沢右三先生のいる都立大学に入ったんです。北沢先生に拾ってもらったということかな。ぼくのマスター論文はヒメギフチョウの研究なんですが、北沢さんはギフチョウに興味を持っていて、ぼくの論文を読んで引っ張ってくれたんですね。

ただ、ぼくは結婚していて子供がいたもので、カミさんは勤めていたから、ぼくが子供の面倒を見なきゃならない。夜は夜で都立高校の定時制の教師をしていましたから、大学には月に二回くらいしか行かなかった。北沢先生も「大変だろうから、まあゆっくりやりなさい」とおっしゃってくれて、ぼくも若かったからあまり気にもしなかったんだけど、北沢さんは大変だったと思います。「おまえのことでほかの先生に文句を言われた」という話を人づてに聞きました。

カミキリムシに一目惚れ

――大学院時代、再び昆虫採集に熱中するようになったそうですが……。
池田　教育大の先輩にいま東海大学の教授をしている山上明さんがいて、鹿児島で学会があった後、奄美大島に行くというので連れていってもらったんです。そこで彼がカミキリムシを採っていて、ぼくも見よう見真似で採ったら、これが面白いんだよね。一目惚れのようなもので、すぐにカミキリムシを集めることに決めて、それからはずっとカミキリムシを集めています。

――昆虫採集の魅力って何でしょう。

池田　若いときはやっぱり採る楽しみというのがありますよね。そのうちに集める楽しみが加わって、最後は形を見る楽しみがある。ビノキュラー（双眼顕微鏡）で見ていると、特に甲虫は本当にきれいですよ。そういうのに魅せられる。ぼくも夜になると、未整理の標本をいっぱい出して、整理しながら見ています。

　養老孟司さんなんて虫を見るのが大好きですよね。あの人は採るのがうまくないからということもあるんだけど（笑）。彼、最近は忙しくなってあまり外国へ虫採りに行かないけど、ベトナムとかラオスにしょっちゅう一緒に行っていたときは、小型のビノキュラーを持っていって、夜になると採った虫を見ていましたよ。彼はちっこい虫を採りますから、「何だこの形は！」なんて言って、飽きずにずっと見ている。よっぽど虫を見るのが好きなんですね。だんだんそういう境地に入っていきます。

昆虫採集で車ごと谷底に転落

――考古学者の金関恕さんが、ものをじっくり見ることが大事だとおっしゃっていました。

池田　タマムシだったか、ある人が「これとこれは違う」と言うんです。だけど、ほかの人が見るとどこも違わない。デジタルに測っても誤差なのか、本当の違いなのかわからない。でも、彼は形が微妙に違うと言うんです。それで羽根を剥いたら、羽根の下に模様があって、それが違っていた。そんなの見えないでしょう。やっぱり直感というのがあるんですよね。

ぼくの名前が付いたカミキリムシがあるんですが、これは誰もが同じ種だと思っていたのを二つに分けて、片方にぼくの名前が付いたんです。ぼくは飛び方が違うと思ったんですよ。これは違うぞと思って、うちへ帰ってよく調べたら、やっぱり違う。最初にわかっちゃうんです、直感的に。それから調べる。調べてわかるというんじゃないんですね。だから、直感というのは結構大事です。ただ、科学というのは直感や主観では駄目で、数値化しなければ科学にならない。そこにギャップがありますよね。

――昆虫採集では何度も危険な目に遇っているとか……。

池田　ぼくは昔は目がものすごくよくて、山道で車を運転しながら虫を見ていて、種がわかったんですよ。珍しい虫がいると車を止めて採るんです。ところが、あるとき名前がわからなかった。あれ、おかしいな、と思って見ているうちに、崖から落っこっちゃったんです。

全身打撲で、顔から血がいっぱい出て大変でしたが、救急車で病院に運んでもらって、頭のレントゲンを撮ったら、医者は「中身は保証しないが、とにかく殻は壊れていない」と言う。「じゃあ、いったんうちへ帰ります」と言ってうちに帰ったら、医者へ行くのが面倒くさくなって、そのまま寝ていました。一週間くらい熱が出ましたけど、徐々に治ってきて、ああ、どうも生きてるみたいだ、と(笑)。

うさん臭いネオダーウィニズム

――ご専門の話に移ります。まず構造主義生物学について。これはどんな学問ですか。

池田 ぼくが山梨大学に就職したのが七九年で、その頃から日本に社会生物学というのが上陸してきたんです。なかなか面白いなと思って、山梨大学で一年間、社会生物学の講義をしたんですよ。これはネオダーウィニズムと呼ばれる進化論の一種で、遺伝子の突然変異と自然選択ですべてを説明しようとする学説です。だけど一年やってみて、どうもうさん臭いなと思い始めたんですね。

そう思い始めた頃、タイのチェンマイに虫採りに行ったんです。ぼくはトラカミキリというカミキリムシが好きで集めていたんだけど、その斑紋パターンが、いろいろなトラカミキリにわたって、違う種なのにみな同じになってくることに気づいたんですよ。

これは何でだろう、これをネオダーウィニズムの理屈で説明できるんだろうか、と思ったわけです。たとえば、みんな毒があるんだったら、同じ斑紋パターンになれば、鳥が一種だけ食えば毒があることを覚えるから、ほかの種も食べられない。犠牲は一匹で済むから、適応的な価値があって、意味があると言えるわけです。だけど、トラカミキリは毒はない。鳥が食べればおいしいから、同じ斑紋パターンだったら、一匹を食えば、みんな食えるぞと知らせているみたいなもので、不利じゃないか。ネオダーウィニズムの適応万能の考え方では説明できないと考えて、それに代わる理論を自分なりにつくり始めたのが八〇年代の半ばです。

その最初の論文を、当時岩波書店から出ていた『生物科学』に出したんです。これは日本では誰もほめてくれなかったんだけど、オーストラリアにいた柴谷篤弘先生の目にとまって、柴谷さんが日本に帰国したときに会おうと言うので会ったんですよ。そのとき柴谷さんに「あなたの考えは私がやろうとしている構造主義生物学の枠組みに入る。一緒にやろう」と言われて、何となく引きずり込まれちゃった。やってみると、なかなか面白い。こちらのほうがネオダーウィニズムよりもましだろうと思って始めたのが最初です。

――まだ、誰もやっていないアプローチだったのですね。

池田　それまでもアンチ・ネオダーウィニズムの考え方でやっている人はいましたが、どうもぼくらの考えと違うところがある。それじゃあ独自にやろうということで始めて、柴谷先生が第一回の構造主義生物学の国際的なワークショップを大阪で開いたのが八六年の秋です。柴谷さんは忙しかったので、「じゃあ、ぼくが本を書きます」と言って最初に書いたのが『構造主義生物学とは何か』(海鳴社、一九八八年)なんですね。

そのとき書く書くと言いながらサボっていたら、八七年の六月か七月に車が谷底に落ちた。人間いつ死ぬかわからないと思って、その年の夏は一回も虫採りに行かないで、ねじり鉢巻きで五〇日くらいで書いたのです。

自然選択だけでは説明できない

――そのエッセンスをもう少し……。

池田　ネオダーウィニズムは、遺伝子の突然変異と、それに対して自然選択が働くという二本立てで、すべての進化は説明できると豪語していたわけです。しかし、それでは説明できないこともある。ぼくらは自然選択自体に反対しているのではなくて、これですべてが説明できるということに反対しているのです。確かに自然選択による進化もあるけれども、別の理屈で進化することもあるんじゃないか。生物というのはそんなに単純ではなく、進化にはいろいろな要因が絡んでいる。自然選択は進化の一つの要因、それもマイナーな要因じゃないかということです。

たとえば、脊椎動物の目は二つしかない。後ろにも目があったら有利ですね。だけど目は二つしかないから、フクロウは頸をぐるぐる回せるようになった。ウサギの目は横についていますが、そうすることでウサギは三六〇度の視界を得た。それで何を犠牲にしたかというと、立体視です。人間は前しか見えないけど、二つの目の視差で立体視ができるんです。だから強い動物、獲物を捕らえる動物は目が前についている。弱くて敵から逃げなければならない動物は横についている。それは適応ということで説明できます。

しかし、そんなことをするくらいなら、最初から目を四つにすればいい。何で二つなのか。それは適応と自然選択だけでは説明できないわけです。たとえば、いったん法律ができれば、みんな試行錯誤して、その法律の枠のなかで一番うまくいった企業が生き残る。じゃあ、法律は自然選択でできたのか。そうじゃない。勝手に決めたんです。同じように生物も、システムという枠はたぶん別の要因で決まって、一度決まってしまうと、不利でもなんでも、そのなかで最適なあり方を考えるしかないんですよ。
システムが定立した後は安定点に向かっていきますから、その後のプロセスは突然変異と自然選択でいい。だから、小さな進化については突然変異と自然選択で説明できます。しかし、システムはどうやって変わるのか。システムが変わる原因は何かということを考えないと、進化のメカニズムは解明できないわけです。

システムが変化するメカニズム

——システムが重要ということですね。

池田　リン・マーギュリスという米国の生物学者が、原核生物から真核生物への進化は、いくつかの原核生物が共生することによって起こったという「共生説」を唱えています。そうやってシステムができるとすれば、突然変異も自然選択も関係がないことになる。
最近、人間の裸の起源について書いた本を読んで感心しました。人間はどうして裸なのか。裸というのはどう考えても有利ではないですよね。

——人間は裸のサルで、毛がない……。

池田　そうです。なぜ毛がなくなっちゃったのか。その本の著者は、自然選択ではないと言うんです。ぼくはその説に賛成です。自然選択で説明しようとすると、毛がないことの利点を考えなければならない。だけど、どう考えたって毛のない利点なんてないんですよ。何かの加減で、システムとして裸になってしまったということなんです。そういうシステムごと変わるメカニズムを考えなければいけない。そこを考えないと、進化の根本問題は解けないいんじゃないかということです。

重要なのは遺伝子ではない

――いわゆる大進化のメカニズムですね。

池田　たとえば脊椎動物ができたとき、あるいはサルからヒトになったとき、一体何が起きたのか。それは遺伝子だけの変異なのか、それともシステム全体の大きな変化なのか。そのへんを解き明かしていかないと、これからの進化論は未来がないように思います。
　そのとき発生学などは有力な武器になります。遺伝子だけいじっていてはわからない。遺伝子は情報であって、情報は解釈するシステムがあって初めて役に立つわけです。たとえば目をつくる遺伝子というのは、人間の遺伝子もショウジョウバエの遺伝子も大元の遺伝子は同じなんですよ。同じ遺伝子が、ショウジョウバエには複眼をつくり、人間にはレンズ眼をつくるんです。じゃあ、人間の目をつくる遺伝子をショウジョウバエに移植したらどうなるか。人間の遺伝子を移植するわけにいきませんから、マウスの目をつくる遺伝子をショウジョウバエのなかに入れてやると、できるのは複眼なんです。だから、重要なのは遺伝子そのものではなくて、遺伝子を組み込んだシステムだということです。

そういう意味では環境も同じで、環境も情報として入れれば、同じことが起こります。特に発生の途中、胎児のときの情報はすごく大事で、昔、睡眠薬のサリドマイドを飲んだ母親から短肢の赤ちゃんが生まれて問題になりましたね。そういうことが起こるということは、おそらく遺伝的に、それを固定することも可能なんですよ。

あるシステムがあって、その枠のなかでできることはできるが、できないことはできない。できないというのは死んでしまうということで、致死的なものは除かれますが、何かの加減でシステムができてしまって、それがたまたま死ななければ、必ずしも最適というわけでなくても生きていくということです。最近は、ネオダーウィニズムの人たちもぼくたちの構造主義生物学を密輸入して、システムが大事だということを言うようになりました。それを突き詰めていけば、遺伝子の突然変異と自然選択という理屈も変えなけりゃならないでしょう、と思うんだけど、そこまでは言わないんですよね（笑）。

クマムシと生命の不思議

――生命の不思議ということでは、クマムシの話がありましたね。

池田　クマムシは乾燥すると胞子のように縮んでカチカチになってしまう。休眠状態になるとまったく代謝をしていないんです。つまり常識的には死んでいるのですが、水を垂らすと、また動き出す。干し貝柱みたいになって、それに水を垂らすと生き返るというのはすごく不思議ですよね。

なぜそんなことができるのかと思って調べてみると、乾燥して水分が抜けていくときにトレハロースという固体の糖をつくって、そのなかに生きている状態のまま高分子を貼りつけて、蛇腹みたいに縮んでいくんですよ。そこに水を垂らしてやると、糖であるトレハロースが溶けて、それを栄養分にして再び代謝が始まるんです。

となると、休眠中のクマムシの細胞のどこにどんな高分子があるかを解析して、そのとおりトレハロースに高分子を貼りつけて、水を垂らしてやればクマムシができるんじゃないか（笑）。それがなぜできないかと言うと、何兆という高分子を正確に貼りつけることができないからです。しかし、とにかく高分子の構造とその位置さえ決まれば、ものすごく単純な生物はつくれるんじゃないか。おそらく二一世紀の生物学は、生物を解析する時代を通り過ぎて、新しい生物をつくる時代になると思います。そこから本当の生物工学は始まるのかなと思うんですが、まあ、ぼくが生きているあいだは無理でしょうね。

タンパク系と遺伝子系の出会い

――そもそも生物はそうやって誕生したのではないですか。

池田　生物というのは、ある高分子がある特殊な位置をとったときに動き出した。それが四〇億年くらい前です。ただ、最初はすぐに壊れてしまったでしょうね。壊れないためには周りがブロックされなければならないから、膜ができて初めて安定した。

もっといい安定の仕方は、そこに一定の情報を入れてタガが外れないようにすることです。それが遺伝子なんです。だから、おそらく遺伝子系とタンパク系はもともと別々にできて、それがカップリングしたんです。それが互いに互いを安定させるように機能した。特にタンパク系は遺伝子系と出会ったことによって非常に安定して、生物のいわゆる種の存続が可能になったんですね。

おそらく、それまではものすごく変わりやすくて、次の世代は別のものに変わるというように、どんどんモディファイされたのが最初の生物のありようだった。そこに遺伝子系がカップリングして安定していったんだと思います。そういう意味では、遺伝子の変異で生物が変わるというのは、タガが外れるんだから当たり前なんですよ。遺伝子で生物が変わるというのは本末転倒で、おそらく遺伝子は生物を変わらせないためにあるんです。

――最初にＲＮＡワールドがあって、より安定したＤＮＡワールドに移行した、と言いますね。

池田　最近は、その前にタンパク質ワールドがあったと言われています。タンパク質だけでは安定性が乏しいですから、サイクリックな系はたぶんできていたと思いますが、一番最初の生物は、いろいろな高分子が浮遊していたところで、できては壊れ、できては壊れということを繰り返していた。やがて、そこに遺伝子系がカップリングすることで安定して、プリミティブな生物はそこで誕生したと思うんです。

一回安定したやつができちゃうと、それが増殖して、周りの資源はそいつらのものになってしまう。高分子が浮遊している状態がなくなってきますから、それまでのように適当に回る高分子の配置でもって生物ができるということができにくくなる。現在が完全にそうでしょう。ほとんどの高分子なりオーガニックマターなりは、すぐに生物に再吸収されてしまい、おそらく新しい生物ができる余地がない。すべての生物が死滅して、またタンパク質の海になってしまえば、そこからまた新しい生命ができる可能性はありますが……。

動物の「門」の三分の一は絶滅している

――もしかしたら、地球の生命の深化の流れは一回限りということでしょうか。

池田　生物の多様性というのは、ある意味では増えてきているんですが、ある意味では減ってきています。高次の分類群は減る一方です。一番高次のドメインは真核生物と古細菌と真正細菌の三つで、これはまだ全部います。その下に六つの「界」があって、これもいますが、この下の「門」になると怪しくなって、動物の門なんて、すでに三分の一くらいは絶滅しているんですね。

「科」についても、甲虫の科は中生代――七〇〇〇万年前から新しいものは誕生していないんじゃないかと言う人もいます。というのは、南米と日本で甲虫の科はほとんど共通なんです。南米と日本が地続きだったのは七〇〇〇万年前までで、甲虫はちっこいやつが多いから太平洋を渡れないでしょう。これは七〇〇〇万年前以降、新しい科が誕生していないということです。その下の「属」になると、全部違うんです。つまり属は、その後できたことになる。ということは、高次分類群ほど起源が古くて、なかなか新しいものはできないのかもしれません。

そういう意味では、生物の多様性はどんどん先細りになっています。ぼくは生物というのは絶滅しても、またすぐに新しいものが出てくるとずっと思っていたんだけど、この先、人間がどんどん絶滅させちゃったら、もうお終いという可能性もある。生物の多様性というのは、もしかしたら思っていた以上に重要かもしれないですね。

16 構造主義科学論のコンセプト

構造主義科学論はどこから来たのか

構造主義科学論のコンセプトを一言で表わせば、科学は真理を追求する営みではなく、何らかの同一性の追求であり、しかもその同一性には根拠がない、という実に簡単なものだ。このように記せば身も蓋もないが、この結論は別に天啓のようにひらめいたわけではなく、構造主義生物学の理論を考えるうちに自然に出てきたのである。

一九八〇年代の半ば頃から、柴谷篤弘と私は、柴谷が構造主義生物学と名付けた、生物学の枠組みを変革する運動を始めた。われわれの考えは、生命現象といえども最終的には物理化学法則に還元できるという要素還元主義からも、生物界の法則は物理化学法則とは異なる原理に支配されているという全体論からも距離を置いたものだった。生物界の法則は物理化学法則に矛盾しているわけではない。物理化学法則の支配下にあると言ってもよい。しかし、物理化学法則から一意に導かれない多少とも恣意的なものだ。

恣意性の原理

恣意性はデタラメとかランダムという概念とはまったく違う。ルールそのものの決まり方には根拠がないということだ。物理化学法則のみが具現している時空では、エントロピー増大の法則に従って、現象は安定点に向かってすべっていく。生物は可能性を限定することによって、自らの時空のなかだけでかろうじてエントロピー増大の法則に抗している。もちろん、生物といえどもエントロピー増大の法則に矛盾することをしているわけではない。生物を含む系全体のエントロピーは確実に増大しているはずだ。生物はエネルギーを使って自らの時空の内部でのみエントロピー増大に抗しているにすぎない。その分だけ周囲のエントロピーは増大しているはずだ。

エネルギーを使ってエントロピー増大に抗するやり方は多少とも恣意的だ。さまざまなやり方が可能なのに一部のみを採用して、残りの可能性には目をつぶって禁欲する。物理化学法則より高次の秩序はここに生まれる。このような秩序の発生を将棋というゲームでまずちょっと考えてみよう。将棋盤の上に駒が初期状態で並べられているとしよう。余計なことをしなければ、駒はその場に留まり続ける。エネルギーをかけて人が駒を動かせば、駒は物理的に可能な範囲ならどこへでも動く。しかし、これではゲームにならない。そこで可能性を限定する。駒の種類に応じて動ける範囲が決まり、交互に指すこと、先に王を取ったほうが勝ち、という大原則の下でゲームすなわち秩序が成立する。重要なことは、このルールは物理化学法則に矛盾しているわけではないが、ここから一意に導けない点だ。

ルールは恣意的に決まるが、ひとたび決まれば後のゲームを拘束する。ゲームはこのルールの下で変幻自在ではあるが、このルールの枠外に出ることはできない。これは生物が生きていることのアナロジーではないか。もし、ルールが変化して新しいゲームが成立すれば、ゲームの様子はまったく違ってしまう。たとえば銀が横に動けるようになれば、将棋は別のゲームになってしまう。これは生物の進化のアナロジーだ。構造主義生物学は新しい進化論を構想しようというところから始まったのだ。将棋のルールという比喩ではあまりに雑駁だから、もっと役に立つ理論はないか。そこでソシュールの構造主義的な言語論を借りれば、もう少しうまい話がつくれるのではなかろうかと考えたわけだ。

対応恣意性

ソシュールの言語論をわれわれなりに解釈すれば、コトバは対応恣意性と分節恣意性からなる。これは遺伝子コードそのものではないか。これが柴谷の最初のアイデアだった。DNAは極めて単純化して言えば、A（アデニン）、T（チミン）、C（シトシン）、G（グアニン）の四つの塩基のつながりであり、このうちのごく一部がタンパク質をコードしている。タンパク質はこれまた極めて単純に言えば、二〇種類のアミノ酸のつながりから成っている。三つの塩基の連なりが一つのアミノ酸に対応している。たとえば、AAAというDNAの塩基三つ組はフェニールアラニンというアミノ酸に対応している。CCAはグリシンに、TGAはトレオニンに、といった具合だ。そのことによって一連のDNAの鎖はタンパク質をつくる情報を持つことができる。しかし、これらの対応関係は物理化学法則に還元できない。生物進化の極めて初期の段階でこのルールが多少とも恣意的に決定されて、ほとんどの現存の生物はこのルールを守っている（例外もごくわずか存在する）。

家の周りをうろついている小動物の一種はネコと呼ばれるが、英語ではCATと言う。ネコとかCATとかのコトバとそれが指し示すものとのあいだの対応関係は恣意的である。これがコトバの対応恣意性だ。これと同様の関係が生物のなかにも見られるとすれば、生命も言語と同じように構造主義的に解釈できるのではないか。これが柴谷のアイデアであった。

分節恣意性

ところで、対応恣意性は言語学にとっても生物学にとっても、実はあまり重要な恣意性ではない。分節恣意性こそが本当に重要な恣意性なのだ。ソシュール言語論の真髄もここにある。イヌとかネコとかいうコトバは、外部世界に実在する実体としてのイヌやネコを指し示しているわけではない。イヌとかネコとかいうコトバで外部世界に存在しているものを指すことによって、それらの名前で指し示されるものが、何か実体であるかのように感ぜられるのだ。ソシュールはそう主張した。これはプラトンのイデア論に代表される実念論に対する反論である。プラトンは個物のネコたちのなかにネコをネコたらしめているイデアが存在し、このネコのイデア（本質）こそ、ネコの名で呼ばれる権利を持つ当のものであると考えたわけだ。

これに対しソシュールは、本質などといったものは存在しない、コトバによってあたかも存在するかのように見えるのだ、と考えた。外部世界を多少とも恣意的に分節することによって、何らかの同一性を捏造できるとの考えは、コトバは個物の集合につけられた単なる名称であると考える唯名論とも少し違う。コトバが分節恣意性を有し、そのことによって同一性を捏造できるという考えこそ、ソシュール言語論の要諦なのだ。

そう考えて眺めれば、遺伝子コードにも分節恣意性が認められる。たとえば、先にCCAという塩基三つ組はグリシンに対応すると述べたが、CCG、CCT、CCCも共にグリシンに対応するのだ。この四つの塩基三つ組はグリシンに対応するという同一の機能を有している。フェニールアラニンに対応しているのはAAA、AAGの二つだけ、ロイシンに対応している三つ組は六個もある。いかなる三つ組が同一の機能を持つかも多少とも恣意的に決まっているに違いない。構造主義生物学は生命現象のなかにこういった類の同一性を探そうとする試みなのだ。

何だそんなことなら通常の生物学者もやっている、とおっしゃる方もいるでしょうが、われわれの考えが多くの科学者と違うのは、下位の法則に還元されない恣意的なルールを強く主張するところにある。たとえば、主流の進化論者はDNAの突然変異と自然選択と遺伝的浮動のみによってすべての進化現象を解読しようとするが、われわれはこれらに還元できないルールの存在を構想して進化を解読しようとするのだ。そこで、たとえばルールが恣意的に変換されるようなことがあるとすれば、生物は急激に進化し、進化の方向は厳密には予測不能だ。

科学理論から真理性を抜く

といったようなことを考えながら、『構造主義生物学とは何か』（海鳴社）の原稿を書いている途中で、これは科学の理論の定立や変換を説明するのに使えるかもしれないと思うようになった。ソシュールは、コトバは現象を恣意的に分節することによって同一性を捏造すると考えた。コトバを科学理論と置き換えれば、これはそのまま構造主義科学論のテーゼになる。ただしほとんどの科学者は、現象を恣意的に分節するとも思っていないし、同一性を捏造するとも思っていない。構造主義科学論は「恣意的」と「捏造」をカッコに入れて忘れてしまえば、実念論、すなわち普通の科学者が考えている普通の科学の理論と同じになる。逆に言えば、極めて強固に思える物理化学の理論も、実は恣意的に捏造されたものではないか。そう考えれば、すべての科学の理論から真理性を抜くことができる。

物質という同一性を措定する物理学や化学の理論は、分子や原子は実在するという信念の下で、物理や化学の法則もまた実在するとの構えを取る。もちろん、個々のイヌや個々のネコが現象として実在するように、個々の分子や原子も現象としては実在するだろう。

しかしネコ一般(ネコという普遍の同一性)が実在しないように、たとえばH_2O一般、H_2Oという普遍は、科学者の頭のなかにあるだけで実在しないのではないか。われわれはネコ一般をあたかも実在するかのように見なして文章を書くし、論文を書くし、会話もする。ネコ一般が実在しないことを知っている人でも、あたかも実在しているかのようにふるまっている。H_2Oもそれと同じでよいのではないか、というのが構造主義科学論の立場である。

しかし、不思議なことに、多くの科学者はH_2O一般が実在すると信じているようだ。恐らくH_2O一般は見えないからだ。プラトンのイデアと同じだ。ライプニッツは、「すべての個物は異なる」と言った。個物は見えるから個々の違いは感覚的にわかる。見えない同一性は人々の頭のなかにあることは確かだが、外部世界に自存することはないと思う。控え目に言っても、自存することを証明できない。物理化学の理論はH_2Oをはじめとする分子や原子の同一性が普遍として実在することを前提につくられており、さまざまな測定機器もまたこの理論に基づきつくられているから、測定によって分子や原子の実在を証明することはできない。

ホワイトヘッドは『過程と実在』のなかで、「西洋の哲学はプラトンの脚注にすぎない」と述べたが、現代科学の理論こそが、プラトンのイデア論と同型なのだ。森鷗外は『かのやうに』という短編で、作中人物に次のように語らせている。「物質が元子（ママ）から組み立てられていると云ふ。その元子も存在はしない。併し物質があって、元子から組み立ててあるかのやうに考えなくては、元子量の勘定が出来ないから、化学は成り立たない」（傍点、池田）。

科学理論の原則平等化

理論というのは、どんなに真理に見えようと実は仮構なのである。物質同士の関係性として法則を記述できる科学（私はこれを「厳密科学」と呼んだ）は、今述べたような事情であたかも客観的真理であるかのように見える。一方、主として自然言語のあいだの関係性としてしか記述できない科学は、厳密な同一性に基礎づけられない（ように見える）故に客観からは遠く、一段低い科学に思われがちだ。自然言語でしか記述できない科学は、物理化学法則に還元できない現象を扱う故に、物理化学と同じレベルの予測可能性は望みえない。しかし、そのことをもって、こういった科学（私はこれを「非厳密科学」と呼んだ）が低級だというわけにはいかないのである。

人間が考える理論はいずれにしても仮構だという点で、異なるレベルの理論の優劣は論じえない。同じレベルの現象を説明する二つの異なる理論があったとして、どちらが上手に現象を説明できるかというところでのみ、理論の優劣は問題になる。非厳密科学の研究者は、厳密科学の理論がより客観的真理に近いと勘違いして故ない劣等感を抱いてきたように思う。この劣等感故に、非厳密科学の研究者の多くは、厳密科学の表明的な手法の模倣、すなわち測定と数値化のみに奔走してきた。構造主義科学論は、現象の説明には現象のレベルに相応しいやり方があり、厳密科学のやり方をまねるだけでは現象をうまく説明できないと主張する。そう考えると、これはさまざまな科学理論の原則平等化の試みだとも言える。生命現象を説明するにはそれに相応しい理論があり、社会現象を説明するにもそれに相応しい理論がある。

科学理論とは発明するもの

もちろん、物体のマクロな運動を扱うニュートン力学や、エネルギーや物質の動態を扱う熱力学の法則は、これらの現象を極めて上手に説明でき、その意味で極めて優れた理論である。われわれがより高次のレベルの現象を説明しようとするときは、だからこれらの理論に矛盾する理屈を立てることはさしあたってはできない。それはこれらの理論が真理であるからではなく、これらの理論と矛盾するような理屈を立てようとするからには、これらの理論よりも、さらに簡単にさらに上手に、物理現象を説明する理論をつくらなければならないからだ（それはほとんど無理な話だ）。先に、生物界のルールは物理化学法則に矛盾してはいけないが、そこから一意に導出できない多少とも恣意的なものだ、と述べたが、ひとたび理論の真理性を排した構造主義科学論の立場からは、われわれが生物界のルールを考えようとするときは、物理化学法則に矛盾しないようなルールを仮構（発明）しなければならないということになる。法則の実在性を擁護する立場からは、法則やルールは発見するものであるが、われわれの立場では、これらはすべて発明するものなのだ。

ポパーの科学論の限界

私が構造主義科学論の構想を練っていた一九八〇年代の後半頃、科学論としてはポパーの反証主義とクーンなどの規約主義が有力だったように思う。構造主義科学論は反証主義とははっきり異なり、根本的な考え方は規約主義的ではあるが、普通の規約主義とも違っている。ポパーは、「帰納というものは存在せず科学理論は反証可能でなければならない」と述べた。ポパーの理論は、私が厳密科学と呼んだ物理学や化学の理論には比較的よく適用できる。したがって科学論に興味を持っている科学者の多くにポパーは評判がよかったように思う。もっとも、大多数の科学者は当時も今も、科学論などには何の興味も持っていないが。

ポパーの理論はしかし、非厳密科学と私が呼ぶ分野には適用できない。ポパーの理論を信じると、心理学などはほとんど科学とは言えなくなる。ポパーの科学論のおかげで、多くの非厳密科学の分野の研究者が厳密科学に劣等感を抱き、その反動として、無闇に測定と数値化が流行ったのではないかと私は思う。

ポパーは、「たとえ一〇〇羽のカラスが黒くても、カラスが黒いという言明の正しさは帰納できないが、一羽のカラスが白ければ、この言明の反証になる」と述べ、科学の理論は反証可能でなければならず、ひとたび反証されたらその理論は正しくないのだから、新しい理論が必要である、と考えたのだ。帰納は成立しないというポパーの考えは、言明に関する限りはその通りであるが、われわれがまず観察するのは言明ではなく現象なのだ。構造主義科学論の立場からすると、実在するのは個々のカラスであって、カラス一般などは実在しない。個々のカラスはそれぞれ少しずつ違うはずだ。それらをみなカラスと同定するのは、個別から一般を導いたという意味で、立派な帰納である。帰納がなければ言明が成立せず、反証もへちまもない。このレベルでの帰納が成立するのは、われわれが自然言語という規約を持っているからだ。この意味で構造主義科学論は多少とも規約主義的だ。ほとんどの非厳密科学は、このレベルの帰納の上に成立している。

構造主義科学論の考え方

構造主義科学論は、理論や法則の実在性も真理性も擁護しない。どんな理論も人間が考えた仮構にすぎないし、それを離れて真の法則などというものはないと考える。現象をより上手に説明できる理論は予測可能性や制御可能性を拡げ、応用可能になれば役に立つ。最終法則や最終理論があるとの幻想にまどわされると、より一般的でより包括的な理論こそ優れたものだと考えがちだ。しかし、狭い適用範囲しか持たない理論であっても、とりあえず役に立てば、時々反証されても捨てる必要はない。非厳密科学の理論は、予測可能性を担保しようとすればするほど、反証されることが多くなるように思う。そもそも高次のレベルの現象は、原理的に完璧に予測可能なようにはできていない。

さて、同じ現象を説明する二つの共約不可能な理論AとBがあったとする。構造主義科学論は、Aが正しければBが間違っており、Bが正しければAが間違っている、との考えは採らない。より上手に現象を説明できる理論のほうがよりよい理論だと考えるだけだ。

それは理論の真理性云々というよりもむしろプラグマティックな考えだ。現象を説明するに際し、上手さのレベルが同じくらいであれば、とりあえず両方とも認めておけばよいではないか。しかし、現実には現場の科学者は理論の真理性という神話に囚われているので、対立する理論のあいだの論争は激しく、互いに相手を排除しようとする。

こういった論争を外から眺めるとどう見えるかを説明したのが、いわゆる規約主義の科学論だ。規約主義は事実の理論負荷性を重視する。現象はそのままでは記述的事実にはならず、現象から記述的事実へのプロセスにおいて何らかの認識装置すなわち規約が介在するはずだ。すると、この記述的事実は規約の正しさを前提として成立することが多いため、事実は規約すなわち理論を倒せないことになる。しかし、事実の理論負荷性も程度問題であり、場合によっては引っくり返る。クーンの科学革命論はそのことを示したものだ。旧来の理論ではうまく説明できない現象が見つかるとする。科学者たちの多くはアド・ホックな仮説を考えて何とかつじつま合わせをしようとするが、ついに説明しきれなくなり、もっと単純・明解に説明できる新しい理論が現われると、一気に理論の乗り換えが起こる。新しい理論のほうがより上手に現象を説明することが誰の目にも明らかになったからだ。

しかし、多くの非厳密科学の理論では、事はそう単純にはいかない。共約不可能な二つの理論は、いつまで経っても相手を打ち負かし納得させるほどには、現象をうまく説明できるようにはならないことも多いからだ。理論はどうせ捏造された規約にすぎず（一応それは正しい）、どの理論が優れているかを判定する基準は存在しないと考えてしまえば、話は簡単だけれど非厳密科学は理論相互間の真のコンペティションを喪失して進歩しなくなってしまう。残るのは罵倒合戦のみになりかねない。

互いに共約不可能な規約といったものに立脚している限り、規約を共有している人々のあいだでしか了解可能性は生まれない。そこで構造主義科学論は、原理上誰にとっても了解可能なものは何かと考えたわけだ。自然言語は第一の候補だが、現象から自然言語に変換するやり方がすべて共通だとの保証はない。唯一考えられるのはコトバとコトバのあいだの関係形式である。たとえばＡ＋Ｂ⊇Ｃという形式自体は誰にとっても客観的なものだ。ここでＡに酸素、Ｂに水素、Ｃに水というコトバを代入してみよう。これはいきなり科学的言明になる。酸素、水素、水というコトバはいまだ共通了解可能なコトバではないとしても、形式だけは共通了解可能であることは間違いない。

コトバ同士のあいだにこういった形式を次々に措定していけば、たとえ非厳密科学の理論であっても、科学的言明は徐々に客観的になり、この形式にしばられてコトバそのものもあいまいさを徐々になくしていくと考えられる。構造主義科学論は、この形式のことを「構造」と呼ぶ。科学は構造を仮構して、なるべく現象整合的な理論をつくる試みなのだ。

構造に含まれる形式は共通了解可能なので、原理的には万人の理解や検証が可能になる。

理論は真理ではなく仮構だと多くの人々が理解すれば、二つの対立する理論のあいだの真理論争はなくなるはずだ。極端なことを言えば、一人の人が二つの矛盾する理論をつくることも可能になる。そこまでいかなくとも対抗理論の構造を冷静に分析できるようにはなるはずだ。それと同時に自分の理論をパラダイム以外の人にもわかるように説明する努力も必要だろう。さしあたっては自分たちのパラダイムのなかでしか通用しないジャーゴン（専門用語）をまず、普通の人が使っている自然言語の関係性として記述してみたらどうだろうか。

初出一覧

1　『現代思想』「変貌する人類史」二〇一七年六月号
2　『現代思想』「絶滅」二〇一五年九月号
3　『現代思想』「ｉＰＳ細胞の未来」二〇一七年六月臨時増刊号
4　『中央公論』「クローン人間」二〇〇三年三月号
5　『大航海』「女と男への新視点」二〇〇六年第五七巻
6　『kotoba』「生命とは何だろう？」二〇一四年夏号（構成・文＝浅野恵子）
7　『理戦』「生態学から考える」二〇〇二年
8　『現代思想』「システム」二〇〇一年二月臨時増刊号
9　『現代思想』「知のトップランナー50人の美しいセオリー」二〇一七年三月臨時増刊号
10　『現代思想』「ダーウィン」二〇〇九年四月臨時増刊号
11　『kotoba』「大人のための『ファーブル昆虫記』」二〇一七年夏号（構成・文＝荒舩良孝）
12　『現代思想』「免疫の意味論」二〇一〇年七月号
13　『ユリイカ』「昆虫主義」二〇〇九年九月臨時増刊号
14　『現代思想』「写真論」二〇〇一年九月号
15　『公研』二〇〇四年一一月号（聞き手＝藤島陽一）
16　『現代のエスプリ』「構造構成主義の展開」二〇〇七年二月号

＊本書収録に際し、若干の加筆・修正を行った。また、タイトルを変更したものもある。

池田清彦（いけだ・きよひこ）
1947年、東京都生まれ。東京都立大学大学院生物学専攻博士課程満期退学。理学博士。早稲田大学国際教養学部教授（現在）。著書に『正直者ばかりバカを見る』（角川新書、2017）、『進化論の最前線』（集英社インターナショナル新書、2017）、『オトコとオンナの生物学』（PHP文庫、2016）、『同調圧力にだまされない変わり者が社会を変える。』（大和書房、2015）、『世間のカラクリ』（新潮社、2014）、『新しい生物学の教科書』（新潮文庫、2004）、『昆虫のパンセ』（青土社、2000）、『構造主義科学論の冒険』（講談社学術文庫、1998）、『分類という思想』（新潮選書、1992）、『構造主義生物学とは何か』（海鳴社、1988）など、共著に『マツ☆キヨ』（マツコ・デラックス、新潮文庫、2014）、『ほんとうの環境問題』（養老孟司、講談社、2008）、『遺伝子「不平等」社会』（小川眞理子・正高信男・計見一雄・立岩真也、岩波書店、2006）など。

ぼくは虫ばかり採っていた
生き物のマイナーな普遍を求めて

2018年2月26日　第1刷印刷
2018年3月 6 日　第1刷発行

著者——池田清彦

発行人——清水一人
発行所——青土社
〒101-0051 東京都千代田区神田神保町1-29 市瀬ビル
［電話］03-3291-9831（編集）　03-3294-7829（営業）
［振替］00190-7-192955

印刷・製本——双文社印刷

装幀——水戸部功

Printed in Japan
ISBN978-4-7917-7052-6 C0040